LISHI DE
MINGPIAN

BEIJINGYA

——北京鸭

谢实勇　王　莹　吴迪梅　主编

中国农业科学技术出版社

图书在版编目（CIP）数据

历史的名片：北京鸭 / 谢实勇，王莹，吴迪梅主编. --北京：中国农业科学技术出版社，2023. 5

ISBN 978-7-5116-6252-1

Ⅰ. ①历…　Ⅱ. ①谢… ②王… ③吴…　Ⅲ. ①北京鸭　Ⅳ. ①S834

中国国家版本馆CIP数据核字（2023）第065139号

责任编辑　崔改泵
责任校对　王　彦
责任印制　姜义伟　王思文

出 版 者　中国农业科学技术出版社
北京市中关村南大街 12 号　　邮编：100081
电　　话　（010）82109194（编辑室）　（010）82109702（发行部）
（010）82109709（读者服务部）
网　　址　https://castp.caas.cn
经 销 者　各地新华书店
印 刷 者　北京地大彩印有限公司
开　　本　170 mm × 240 mm　1/16
印　　张　9.25
字　　数　152 千字
版　　次　2023 年 5 月第 1 版　　2023 年 5 月第 1 次印刷
定　　价　98.00 元

编委会

主　　编： 谢实勇　王　莹　吴迪梅

副 主 编： 刘　钧　朱法江　赵　有

编写人员（按姓名笔画排序）：

丁易帮　王　莹　王　梁　韦兴茹
付　瑶　吕学泽　朱法江　刘　钧
刘　康　刘彩霞　孙洪利　杨　超
杨卫芳　杨艳艳　杨曙光　吴迪梅
张　乐　张建伟　陈连武　金银姬
赵　有　梅　婧　程柏丛　谢实勇
魏荣贵

审　　稿： 邓　蓉

顾　　问： 杨学梅　黄　礼

前言

我国有着悠久传统的养鸭历史，是将野鸭驯化饲养最早的国家之一，距今两千多年前西周时期的古籍中已有鹜的记载，古时所说的鹜和野凫一般都是指鸭子。公元五世纪北魏贾思勰在《齐民要术》中进一步记载了养鸭的办法，说明当时的养鸭技术已有了很大的进展，并在人民生活中占有重要的地位。

北京鸭俗称白鸭和白蒲鸭，其原产地在北京西郊的玉泉山一带，是世界著名的优质白羽肉鸭品种。全身羽毛纯白，体型硕大丰满，体躯呈长方形，前部昂起，头部圆形，无冠和髯，颈粗，眼明亮，喙扁平，呈橘黄色，姿态犹如白天鹅，优美，典雅，而肉质肥嫩。北京鸭，一直是北京的名片，也是北京名菜——北京烤鸭的主要食材；北京烤鸭，名扬四海，是北京人的骄傲，是享有国际盛誉的美食佳肴；北京鸭堪比“活的长城”，千百年来独特的传统手工填饲工艺，使北京烤鸭声誉与日俱增，闻名世界。从周总理的“烤鸭外交”，到2008年夏季奥运会、2014年的APEC会议、2017年和2019年“一带一路”国际合作峰会、2018年平昌冬季奥运会上的“北京八分钟”，北京烤鸭都是中国向世界展示中国文化的重要元素。北京烤鸭是中国饮食文化的重要代表性食物之一。2016年北京鸭被列入北京市农业文化遗产普查名录，2019年获得中国国际农产品交易会颁布的“中国百强区域农产品品牌20强”。

北京鸭于2017年正式取得农产品地理标志登记证书，是北京市首个登记的畜禽地理标志产品，也是全国首个以省级域名命名的地理标志农产品。北京鸭是北京市特色畜禽品种，是北京烤鸭的唯一正宗的原料鸭种。让北京鸭“留”在北京，弘扬好中华美食文化，保护好北京烤鸭这一北京名片、中国名片、历史名片的责任落到了当代人的肩上。如今，北京市人均GDP已经超过2.8万美元，北京鸭生产量和消费量不断增加，加工质量不断提升，北京鸭从多方面融入北京的世界城市建设成为必然。

2020年7月27日，北京鸭入选中欧地理标志第二批名单。2022年，北京市启动北京鸭农产品地理标志保护工程，北京鸭的影响力进一步提高，有力支撑北京烤鸭的品牌价值、美誉度和良好口碑。目前，北京鸭地理标志生产地域保护范围覆盖北京8区46个镇与街道，近几年累计带动京津冀地区养殖农户1 800余户，户均年纯收入可达10万元。为保护种源，北京市还建立了畜禽活体保种场和种质资源库。北京鸭的禽遗传材料受到重点保护，北京鸭为都市型现代农业的发展增添光辉亮丽的一笔。

由于编者水平有限，书中难免有错误和遗漏之处，敬请广大读者批评并指正。

编　者

2023年2月

目　录

第一章
北京鸭的种源形成

第一节　北京鸭传说的故事起源

我国养鸭业历史悠久，据考证，我国将野鸭驯化为家鸭至少已有3 000年的历史，是世界上驯化野鸭最早的国家之一。先秦时期，《诗经》中就记录了“鹜”（指野鸭）、“凫”（指介于野鸭和家鸭的过渡种类的鸭子）和“鸭”（指家养驯化鸭）的衍化和区别；唐代陆广征编写的《吴地记》中有专门养鸭的描述“鸭城，吴县东南二十里”。宋代《太平御览·卷二十》中也有“匠门外鸭城者，吴王筑此城以养鸭，周数百里”的记载。北京鸭是我国优良鸭种之一，也是世界上著名的鸭品种，在世界多个国家都有养殖历史。“北京鸭”的育成，据史籍记载，已有400多年的历史，关于北京鸭的起源有以下说法。

一、小白眼鸭

早年，北京东郊潮白河一带有一种小白眼鸭，俗称“白河蒲鸭”“白蒲鸭”。当时的潮白河河水草丛生，鱼虾甚丰，流域之地是全区的鱼米之乡。两地农民引潮白河河水种植水稻，由于鸭粪是种植水稻的好肥料，因此养鸭历史悠久，得此优越环境，鸭体在不断的繁育中逐渐肥大起来，养鸭逐渐成为当地人们备加喜爱的行业。据民国时期徐珂的《清稗类钞》

记载："南苑在京城南，为元时南海子故址。"所谓南海子是相对紫禁城北面的北海、后海、什刹海而言的。据老北京人传说：南海子的面积有400 km^2，相当于16个北京内城大。南海子过去还曾经有水泉72处，汇集成3个水泊。元代时，每年冬春之际，皇帝常常乘马来此，"纵鹰隼搏击雉兔"，因之这里又叫作"飞放泊"，是封建帝王行猎习武之地。明代永乐帝朱棣定都北京之后，又在南海子"增广地亩，修治周垣、桥道、闸门，建筑行宫，每年常狩猎于此"。并在此驯养南京湖鸭，使其逐渐适应了北方的气候条件。到了清代，也把南苑定为皇家演武和狩猎的重地，对这里的经营更为用心。在清代初期就设置了郎中等官员，专门管理南苑。后来又划归内务府奉宸苑专门管理，还增设了1 800"海户"，添设了巡狩九门和各面围墙的官兵，安置了庄头、苑户等，使得南苑草木茂盛、庭鹿成群、野兔出没、百鸟鸣飞。在这里驯养的鸭子，成群结队地嬉戏于南海子的巨大水泊之中，悠然自得。清朝中期，又把驯养的南京鸭迁运到西郊玉泉山一带放养。玉泉山水质甜美，附近水源又极其丰富，而且这里水草丰茂、鱼虾成群，自然条件更加优越。驰名中外的北京鸭就诞生了。

二、白色湖鸭

另一种传说，相传公元15世纪，明成祖从南京迁都北京之后，通过运河从南方往北方大批运送大米，每年漕运的数量达数百万石（明朝1石=57 kg）。在运送过程中，大量粮米洒落在河中和码头上，南京一带麻鸭的白色变种也随船北上，经过长期的风土驯化，并在丰富的饲料条件下培育，白色湖鸭在运河一带逐渐繁育下来，成为今日北京鸭的祖先。

经运河带来的江南鸭，原本也是多种颜色，只是后来北京人开始利用鸭绒，而白色鸭绒价钱最高，所以，民间养鸭人就刻意地以白鸭来留种。积年累月，北京鸭就成了纯白色的，这也是民间选种的结果。

三、最终育成地

北京鸭究竟起源于江南还是东郊，根据现有资料尚难以断定，但可以肯定的是，北京鸭的起源与北京的东郊水系有关。北京鸭的最终育成地为北京西郊所谓“京西御地”的玉泉山一带，该地区环境优越，常年洁净的清水，稻米丰盛，水草繁茂，鱼虾甚多。这里西北环山，冬季可御西北风侵袭，泉水不冻，夏季凉爽，对鸭子生长非常有利。北京地区气候干燥，年降水量少而集中，冬季寒冷且时间长，这样的气候特点，加上北京地区有山有水的地理条件，都适用于北京鸭的繁殖和发育。因此，应当说北京鸭是由古代生长在我国北方的一种原种白鸭，经过长时间的驯化饲养而逐渐形成的。此外，舒联莹编著的《北京鸭》一书中也有记载：据彼邦学者之考据，北京鸭之起源，或与欧洲者相近，但其系谱与任何驯化者不同，即各种驯化之野鸭，亦无相似者。此鸭纯为白鸭，无其他变种。

第二节　北京鸭形成演化过程

一、定名

北京鸭形成据考证是在小白眼鸭鸭种传至国外以后。根据记载，1873年，美国人詹姆斯经上海将小白眼鸭鸭蛋带至北美。同年，英国人凯尔在北京附近得到小白眼鸭种蛋，又将其传入英国，1875年，英国人将一批填肥的小白眼鸭运至美国，引起了美国市场的轰动。欧美原有鸭种肉质粗劣，肉味膻酸，不堪烹食，当人们忽见外观美丽、肉质细嫩的北京鸭，顿感眼界大开，根据《北京鸭》一书中记载，当时小白眼鸭“样品既出，社会耳目为之一新，绅士名媛，交誉不置，购者骤多，供给缺乏。一时价格腾贵，每种卵12枚，竟需价10～13美元，而每卵一枚，当金元1元之价，美国社会，遂有鸭即金砖之荣称。并因其来自中国之北京也，而锡（赐）以‘北京鸭’之佳名”。

北京鸭全身羽毛纯白，略带乳黄光泽，体形硕大丰满，体躯呈长方形，构造均匀雅观。前部昂起，与地面呈30°～40°角。背宽平，胸部丰满、突出，腹深腿短、紧凑，两翅小而紧贴体躯，尾部钝齐，微向上翘起。头部卵圆形，无冠和髯，颈粗，长度适中，眼明亮。喙扁平，呈橘黄色；喙豆为肉粉色。虹彩呈蓝灰色。胫、蹼为橙黄色或橘红色。北京鸭母鸭腹部丰满，前躯仰角较大，叫声洪亮，公鸭叫声沙哑。在新中国成立前北京地区饲养的北京鸭仅几万只，1949年到20世纪70年代末北京饲养的北京鸭数量达到三百多万只，鸭场由十几个发展到七十多个。由原始的用手工填熟食，每小时每人填鸭70～80只的方式，发展到应用电动填鸭器，填生的混合糜状物，每小时每人可填800～1 000只。饲料也由小米、绿豆等单一品种，发展为营养较完善的混合饲料。在养鸭前辈及育种工作者辛勤付出下，现在的北京鸭生产水平上了一个新台阶。在育成的成年鸭中，一般体重公鸭可达3～4 kg、母鸭3～3.5 kg；母雏生长150～170 d后可开始产蛋，年产蛋230～250个，蛋重85～95 g，卵壳洁白。北京鸭生长发育快，育肥性能好，雏鸭出壳42 d体重就可达到2.5 kg以上，体重最高可达5 kg。鸭肉质鲜美，肥嫩多汁，是制作烤鸭的上好原料。2017年9月申报，随后北京鸭成功登记为农业农村部农产品地理标志保护产品，北京鸭迎来了新的历史发展机遇。

二、北京鸭的历史变迁

纵观历史长河，鸭在中国的起源可以追溯到近3 000年前，据历史考证，中国绝大多数鸭品种如北京鸭、金定鸭、绍兴鸭等，随着经济发展与养殖技术的进步，中国鸭业规模不断扩大，鸭也逐渐在人们的日常生活中扮演着不可或缺的角色，如食用、观赏、娱乐等。养鸭业在不同的历史时期呈现出不同的典型特点。

（一）先秦—两汉时期

在春秋战国时期，《说文》中记载，“鹜，舒凫”；《尔雅》：“舒凫，鹜”。这里的“舒”是指“舍”，而“凫”即野鸭，舍养的野鸭为“鹜”，即家鸭。《战国策》中有“士三食不得餍，而君鹅鹜有余食”的记载，指的就是“士人在您（管燕）这儿一日三餐还吃不饱，但是您养的鹅和鸭还有剩余”。由此可以看出，在春秋战国时期鸭肉已是身份高贵的人的日常食物了。两汉时期的《相鸭经》教授了人们在一年中如何养鸭，鸭的养殖已经具有一定规模，有力证明了鸭在当时人们日常生活中的重要性。

（二）宋元时期

由于南方地区湖泊众多，江河纵横，为养鸭业带来了得天独厚的地理条件。在宋元时期，养鸭业呈现南强北弱，并且出现了大量的养殖户。苏轼的《李氏园》中写道：“尽东为方池，野雁杂家鹜”，可以看出当时人们利用池塘来饲养鸭子的景象。元好问的《被檄夜赴邓州幕府》中有“十里塘陂春鸭闹，一川桑柘晚烟平”。此外，陆游的《泛湖至东泾》描述道，“儿童牧鹅鸭，妇女治桑麻”。方丰之的《历崎道中》一诗中写道，“时有村童护鸭归”。罗愿的《尔雅翼》中写道：“鹜，无所不食，易于畜息，今江湖间养者千百为群，暮则舟敛而载之。”从这些描述中可以看出，养鸭趋于大群放牧，养鸭业逐渐走向专业化、商品化。

（三）明代及清代

在明代及清早中期，中国的养鸭业得到了较好发展。这一时期提出了养鸭治虫的新理念，还有稻鸭共生的理念。明万历年间，陈经纶在《治蝗笔记》中写道：“一鸭较胜一夫，四十之鸭，可治四万之蝗。一夫挑鸭一笼，可胜四十夫。不惟治蝗，且可以牟利”，之后这种方法被广泛应用于江南地区的灭蝗之中。此外，《岭南杂事诗抄》中记载有“鸭儿有埠鸭儿肥，禾际蟛蜞渐渐稀”，其意思是在靠近水的地方养鸭可以把鸭养得很肥，《物理小识》中详尽地记载“养湖鸭者，砌土池置千卵，而以粟火温其外，时至则出”，体现了当时人工孵化鸭蛋技术的进步。而在清代，鸭蛋的孵化技术已经逐渐成熟。杨灿的《幽风广义》中写道：“火菀莫巧，只要人殷勤看待，温和之气不绝，不难出齐，并速而无坏。若乍寒乍热，不唯出之不齐。卵亦多腐坏不成”，即孵化鸭蛋时要细心照料，孵化温度要恒定才能孵出小鸭来。这一时期鸭养殖规模逐渐增大，嘉靖时期的《吴江县志》记载有："绍兴人多养鸭，千百为群，收其卵以为利。"与此同时，鸭的经济收益十分可观，如乾隆时期《建昌府志》中的记载："乡间多畜鸭，母鸭百余可当五亩之入"，以及《沈氏家书》中写道："鸭用以产蛋，种田人家不可无，……，每家若养六只，一年得蛋千枚。"在《明成史》记载了现今著名的美食北京烤鸭，是当年明成祖迁都时将临安的白色湖鸭带到北京，久而久之，培育出了著名肉鸭品种——北京鸭，在当时也是家喻户晓的鸭馔。同期培育而成的还有以产蛋闻名的绍兴鸭。此外，在明清两代，鸭肴是宫廷和王公贵族必选的佳肴美馔。清代的《调鼎集》中记载的鸭馔多达80余种，这表明鸭肴的制作技艺和方法已经达到了很高的境界。极负盛名的八大山人朱耷留有的《荷石水禽图》，其中的两只鸭栩栩如生；同时保存完好的粉彩雕瓷鸭和白玉衔谷穗鸭等著名文物，都真实地反映了中国当时养鸭的盛况。

（四）民国时期

民国时期，中国的国民经济在帝国主义、封建主义、官僚资本主义三座大山的压迫下，遭受了前所未有的重创，养鸭业也不例外。养鸭的数量大大下降，据1935年国民政府统计，全国仅有鸭0.56亿只，养殖规模也因天灾人祸骤减。但是由于在这一时期，中国初步掌握一些西方第二次工业革命的科技成果，当时的国民政府开始引进国外良种，进行杂交改良等育种工作，促进农村经济发展。与此同时，稻田养鸭以及养鸭船在中国不断完善，随着对外口岸的开放和中外文化的交流，鸭的烹调技艺也得到了进一步的发展。

（五）新中国成立至今养鸭发展情况

新中国成立后，在党和政府的领导下，养鸭业得到了迅速的恢复和发展。1957年，全国家禽存栏总数达到7.1亿只。从20世纪60年代开始，中国养鸭业的发展遭受严重挫折。20世纪80年代以前，中国鸭的养殖以农村家庭分散饲养为主，饲养技术较为落后。十一届三中全会以后，随着家庭联产承包责任制的实施，中国养鸭业得到了快速恢复与发展，为发展国民经济作出了重要贡献。改革开放以来中国肉鸭饲养量以每年5%～8%的速度增长。

三、六大水系的北京鸭饲养

清朝末年，北京逐步发展形成了汤山水系、玉泉山水系、莲花池水系、护城河水系、金鱼池水系、运粮河水系六大水系的北京鸭饲养基地。

（1）汤山水系。在北京市北郊的小汤山、温泉一带所繁殖的北京鸭，由于受温泉影响，这一带的河流终年不冻冰，被称为暖河筒，适宜北京鸭生活。

（2）玉泉山水系。位于北京市西郊，号称“天下第一泉”。此泉水质好、流量大，流经昆明湖向西北部各处流去构成几条河流。在这些支流中，沿途皆有养鸭场，是历史上繁殖北京鸭最多的地区，种鸭和种蛋品质甚好。

（3）莲花池水系。位于北京市西南部，池水由东北角流出，特点是既有动水，也有静水。上游有当时的西郊农场养鸭场，中游菜户营附近养鸭户也很多。在历史上，只有这条水系中的鸭的质量能与玉泉山水系的北京鸭媲美。

（4）护城河水系。此水系为环绕北京的护城河。由于河道长期淤积和污染，鸭的疾病多、生长慢、个头小、产蛋量低，因此护城河水系饲养的鸭产蛋多用于松花蛋，而不适宜做种用。

（5）金鱼池水系。位于北京市天坛外，分东西两池塘，两池分别养鸭和红色鲤鱼，皆为供清朝皇室御膳房用。

（6）运粮河水系。位于北京市东便门外，清代时为江南、东北各地运粮来京的要道，卸载时粮食散入河中甚多，沿河很多农民放鸭子到河中觅食，故有“窃河鸭”之称。鸭的数量多、生产快、发育好，新中国成立前夕，此水系的养鸭业大为衰落，之后完全消失。

随着历史的发展，饲养北京鸭的六大水系均已不复存在，新中国成立初期，开始将零星的养鸭户组织起来，成立较大规模的养殖场，如莲花池鸭场、圆明园鸭场、青龙桥鸭场和南郊养鸭场。而随着时间的发展，目前养殖北京鸭的北京地区主要分布在8个远郊区，即昌平、大兴、房山、怀柔、平谷、顺义、通州、延庆。

四、北京鸭数量的变化

1949年以前，北京鸭的规模很小。据记载，1926年北京市有300家养殖户，饲养种鸭4 500余只，但因连年内战，到1928年只剩150家养殖户，饲养种鸭2 600只。1937年又因连年战争，民不聊生，养鸭户仅剩47家。1949年以后，北京鸭生产迅速恢复，填鸭产量，1954年为1万只；1955—1965年增长速度更快，突破百万大关，产量104.4万只；到1979年增至329万只。发展至今，北京鸭在北京市的年产量已达到1 500万只（含外阜基地），并趋于稳定。

第二章 北京鸭的品种特性

第一节　外貌特征

一、生活习性

北京鸭的体格健壮，对环境的适应性很强，能较好地适应室外环境和低气温环境。但气温较长时间持续在32℃以上时，对肉鸭的采食量会产生一定影响，同时，母鸭产蛋率有所下降，雏鸭生长速度也会相对减慢。

北京鸭性情温顺，喜好群居生活，爱安静，不喜运动，因此非常适宜集中饲养。北京鸭胆子小，遇有怪异声音，容易引起群体的惊慌不安，从而影响日增重和产蛋率。

北京鸭属于水禽，喜欢戏水并在水中进行交配，戏水有益于雏鸭的生长发育，可促进雏鸭体格健壮，但经过长期的人工驯养，北京鸭的戏水习性渐随着人们的饲养方式在改变。目前，现代化养鸭场在雏鸭育雏阶段，采用地面育雏、网上育雏和立体笼育雏等方式，雏鸭基本上不再下水，同样也能健康地生长。如若下水，在水中活动时间的长短也会有所控制，如在水中时间太长，尤其是夏天和寒冬季节，会导致雏鸭体能过分消耗和降低增重。北京鸭虽喜水，但对舍内环境、运动场环境要求较高，多以干燥清洁为主，如果处于潮湿或者泥泞污秽的不良环境下，就会对日常生产和产蛋产肉性能造成严重的影响，甚至会使鸭子生病或死亡。

二、外貌特征

1. 外观特点

北京鸭体型硕大，肌肉健壮，外貌美观。成年公鸭体型略为长方形，母鸭因其生殖系统的发育特点，后躯略显膨大。

2. 羽毛

北京鸭全身羽毛皎白秀丽，丰满紧凑，内层微带乳黄色。初生雏鸭胎毛为浅黄色，30 d后绒毛变白，60 d后羽毛长齐。北京鸭尾部羽毛微微上翘，公鸭由于其性别特点，尾部有四根向上卷起的性羽。

3. 头颈

公鸭头较大，母鸭稍小。喙较宽厚，上喙微弯曲，呈橘红色。眼明亮而有神，呈蓝灰色。颈粗，中等长度，并略向前弯曲，但公鸭比母鸭稍粗短些。

4. 身躯

北京鸭身躯呈体长的特点，背部宽厚，胸部丰满，前胸稍突出而挺拔。腹部深广下垂，与地面呈30°角，尾部上翘。

5. 胫、脚

胫短而粗壮，脚健而有力，公鸭脚高粗，母鸭较短粗。脚第2、第3、第4趾之间有蹼，蹼大而厚。脚趾及蹼均为深橘红色，母鸭开产后颜色逐渐变浅。

三、北京鸭体尺测定

成年北京鸭母鸭体斜长为30.5 ~ 32.6 cm，公鸭为32.8 ~ 34.6 cm；成年北京鸭母鸭胸宽为11.0 ~ 12.5 cm，公鸭为11.1 ~ 13.1 cm；北京鸭母鸭龙骨长为13.9 ~ 14.8 cm，公鸭为15.2 ~ 16.3 cm；北京鸭母鸭胫长为7.1 ~ 7.5 cm，公鸭为7.2 ~ 7.6 cm（表2-1）。

表2-1　成年北京鸭体尺　（单位：cm）

项目	母鸭	公鸭
体斜长	30.5 ~ 32.6	32.8 ~ 34.6
胸宽	11.0 ~ 12.5	11.1 ~ 13.1
龙骨长	13.9 ~ 14.8	15.2 ~ 16.3
胫长	7.1 ~ 7.5	7.2 ~ 7.6

第二节　生产性能

北京鸭是世界著名的优良肉用型鸭品种，具有适应性强、生长发育快、繁殖率高、成活率高、肉质好等优点。北京鸭生产性能指标包括体重、生长、产肉、产蛋、繁殖等。

一、北京鸭地方品种的生产性能

（一）种用生产性能

依据北京鸭种鸭生产性能特点，将其饲养期分为育雏期、育成期（育成前期和育成后期）、产蛋期（产蛋前期、产蛋中期和产蛋后期）3个阶段。

体重与生长。公鸭初生体重约为0.06 kg，4周龄重约1.47 kg，6周龄重约2.05 kg，18周龄重约3.15 kg，24周龄重约3.37 kg；母鸭初生体重约为0.06 kg，4周龄重约1.35 kg，6周龄重约1.72 kg，18周龄重约2.73 kg，24周龄重约3.15 kg。种鸭1 ~ 24周龄成活率在93%以上，产蛋期死淘率在15%以内。

产蛋与繁殖种鸭开产日龄22 ~ 24周龄，40周龄产蛋180 ~ 220枚，经强制换羽后，第二个产蛋期可产蛋100枚以上；蛋重85 ~ 95 g，蛋壳呈白色，平均蛋壳厚度0.36 mm，蛋形指数1.34 ~ 1.41；年平均产蛋率（25 ~ 70周龄）达70% ~ 80%，种蛋合格率（30 ~ 60周龄）达95%以上，平均种蛋受精率达90%以上，平均受精蛋孵化率80%，健雏率95%～99%。公鸭利用年限1～2年，母鸭2～3年。

（二）肉用生产性能

依据北京鸭商品代肉鸭生产性能特点，将其饲养期分为育雏期、生长期和育肥期3个阶段。

体重与生长。初生雏鸭平均体重不低于52 g，35日龄平均体重在2 500 g以上，自由采食和人工填饲两种养殖方式下42 d平均体重分别达3 000 g和3 150 g以上。北京鸭1～35日龄成活率达95%以上，自由采食和人工填饲两种养殖方式下36 d出栏的成活率分别为97%～99%和96%～98%。

料重比。北京鸭1～20 d料重比为（1.6～1.8）：1，21～33 d为（2.0～2.4）：1，自由采食和人工填饲两种养殖方式下分别为（3.6～3.9）：1和（3.9～4.5）：1。

产肉经历。面对不同的消费需求，经多年育种，北京鸭形成了烤制型和分割型两种品系，其中烤制型北京鸭需皮厚，但对胸肉要求不高，屠宰率为86%～89%、全净膛率为78%～81%、胸肌率为8%～13%、腿肌率为10%～13%、皮脂率33%以上；分割型北京鸭需胸肉更多，但皮脂不宜过多，屠宰率为86%～89%、全净膛率为74%～78%、胸肌率和腿肌率达13%以上、皮脂率33%以内。

二、北京鸭培育配套系的生产性能

（一）南口1号北京鸭配套系生产性能

南口1号北京鸭配套系由北京金星鸭业中心培育，配套系为三系配套，由Ⅷ系（终端父系）和Ⅳ系（母本父系）、Ⅶ系（母本母系）配套而成，其模式为Ⅷ♂×（Ⅳ♂×Ⅶ♀）♀。于2005年通过国家畜禽品种审定委员会新品种（配套系）审定。

父母代种鸭。南口1号北京鸭配套系父母代种鸭50%开产日龄为（174.4±7.76）d，50%开产日龄体重（3.55±0.27）kg，50%开产蛋重（71.4 ± 5.1）g，40周龄产蛋数（115.4 ± 5.36）枚，平均蛋重（91.4 ± 4.51）g，蛋形指数1.34 ± 0.04，种蛋受精率92.42%，受精蛋孵化率89.43%，入孵蛋孵化率82.65%。

商品代肉鸭。南口1号北京鸭配套系商品代肉鸭35 d体重2.7 kg，饲料转化率2.10：1；42 d体重3.2 kg，饲料转化率2.22：1，胸肉率10.0%，腿肉率11.5%，皮脂率30.3%。

（二）Z型北京鸭配套系生产性能

Z型北京鸭配套系由中国农业科学院北京畜牧兽医研究所培育，配套系为三系配套，由Z4系（终端父系）和Z2系（母本父系）、W2系（母本母系）配套而成，其模式为Z4♂ ×（Z2♂ × W2♀）♀。于2006年通过国家畜禽品种审定委员会新品种（配套系）审定。

父母代种鸭。Z型北京鸭配套系父母代种鸭5%产蛋日龄165 d，母鸭开产体重3.20 kg，产蛋率50%的周龄约27周，种鸭70周龄产蛋量220 ~ 240枚，种蛋受精率87% ~ 95%，入孵种蛋孵化率74% ~ 84%，种蛋平均蛋重90 ~ 95 g。

商品代肉鸭。Z型北京鸭配套系商品代肉鸭35 d体重2.92 kg，饲料转化率2.10：1；42 d体重3.22 kg，饲料转化率2.26：1，胸肉率11.0%，腿肉率11.2%。

（三）京典北京鸭配套系

京典北京鸭配套系由首农股份旗下樱桃谷育种科技股份有限公司所属北京南口鸭育种科技有限公司联合中国农业大学、北京金星鸭业有限公司共同培育，配套系为三系配套，2012年前后启动培育，主要针对烤鸭市场需求。于2021年通过国家畜禽遗传资源委员会畜禽新品种（配套系）审定。

京典北京鸭配套系种鸭年产蛋数可达296枚；商品代肉鸭出栏日龄缩短至35 d，体重3.0 ~ 3.3 kg，成活率98%，料肉比2：1，每只肉鸭可降低饲养成本2元；肉鸭胸肉率达10%以上，腿肉率13%以上，皮脂率32%以上。

第三节　鸭肉品质

一、鸭肉品质指标

通常所说的肉品质主要是：新鲜度（肉色、pH值、挥发性盐基氮）、嫩度、系水力以及肌内脂肪、风味、营养价值等物理特性和化学特性的综合体现。

（一）新鲜度

鸭肉新鲜度是指鸭肉的新鲜程度，是鸭肉品质的重要指标和衡量鸭肉是否符合食用要求的客观标准。肉品新鲜度的评估方法主要包括感官检测和pH值、挥发性盐基氮等理化指标检测。

（1）肉色。鸭肉的色泽是其肌肉生理学、生物化学和微生物学变化的直观外部表现，肌肉色素含量、分布及化学状态决定了鸭肉的色泽深浅及均匀度，同时肌肉色素对肉色的作用受到pH值的影响。鸭肉色泽会直接影响消费者对肉的感官评定，因此肉色是评价鸭肉品质的重要指标。

（2）pH值。鸭肉在新鲜度下降、腐败变质的过程中，蛋白质受到酶和细菌的共同作用生成碱性物质，会引起pH值升高，故pH值变化在一定程度上也能够反映鸭肉新鲜程度。此外，pH值会直接影响鸭肉的保藏性、熟煮损失、干加工能力等，是鸭肉品质测定的重要指标之一，通常会结合其他指标用于评判鸭肉是否新鲜。

（3）挥发性盐基氮。鸭肉在腐败变质过程中，由蛋白质分解产生的氨和胺类等含氮碱性有毒物质与同时分解产生的有机酸结合而形成盐基态氮。这类物质在碱性环境下具有挥发性，其含量随腐败进行而增加，与腐败程度之间有着明确的对应关系，因此挥发性盐基氮含量是衡量鸭肉新鲜度的重要化学评定指标。

（二）嫩度

嫩度是决定肉品质的重要指标，同时也是肉类最重要的感官特征之一。嫩度是肌肉内各种蛋白质结构特性的总体概括。肌肉质地是影响嫩度的重要因素，它主要由肌肉中结缔组织、肌纤维和肌浆等的蛋白质成分、含量与化学结构状态所决定。

（三）系水力

系水力是一项重要的评价肉品质的指标，它直接影响肉的风味、质地、营养成分、多汁性等食用品质。一般认为，系水力大，肉的嫩度高，肌肉系水力取决于品种、年龄、宰前状况、宰后肉的变化及肌肉的不同部位。研究表明，系水力与pH值呈显著正相关（$P<0.05$）。

（四）肌内脂肪

肉品质在很大程度上受到肌内脂肪含量的影响，尤其是风味和营养值。肌内脂肪含量多少对肉品的嫩度、多汁性等有较大的影响，也是产生风味化合物的前体物质，是肉品质的重要指标之一。

（五）风味

风味是肉品最重要的食用品质之一。所谓肉风味是指肉香味和肉滋味2个层面：肉香味物质是指肌肉受热过程所产生的挥发性混合物，如醛类、酮类、醇类、酸酯类及含硫、氧、氮的直链和杂环类化合物；肉滋味物质主要是肉中的滋味呈味物质，如游离氨基酸、小肽类、ATP代谢物、无机盐和维生素等。

北京烤鸭的风味分析试验中，提取到北京烤鸭的挥发性香味成分，经过浓缩后进行分析。分离出的化合物涉及烷烃类、醇类、醛酮、酸酯、含氧、硫、氮的直链和杂环化合物，其中醛和杂环化合物为北京烤鸭的主要香味挥发物。

（六）营养价值

鸭肉的营养品质包括蛋白质以及脂肪含量和成分、氧化稳定性、维生素和矿物质含量。鸭肉作为一种高蛋白、低胆固醇、低脂的禽肉，是人们公认的健康食品。北京鸭的可食用蛋白质含量为16%～25%，高于一般的畜肉。北京鸭的脂肪含量约为7.5%，高于鸡肉但低于猪肉且鸭肉的脂肪分布较为均匀。鸭肉中含有较高的铁、锌、钾、铜等微量元素以及丰富的维生素。鸭肉中含有较多的饱和与不饱和脂肪酸，占总脂类的60%左右，因此更容易被人体消化吸收。

二、肉品质影响因素

肉品质是一个相对复杂的概念，没有统一的标准，受品种、日龄、饲料、饲养管理、屠宰、储存、运输、加工等多种因素影响。其中最重要的是鸭禽的品种、饲养条件、屠宰方式、宰前处理以及鸭肉储存的方法。

（一）品种与日龄

1. 品种

不同品种间，生长速度和肉用性能存在较大差异。北京鸭作为北京市特产，全国地理标志农产品，属于肉用型品种，其肉质具有独特的品质特性和优点。研究发现，北京鸭与樱桃谷肉鸭胸肌脂肪含量差异显著（$P<0.05$），风味的差别则源自脂肪。

Z型北京鸭是中国农业科学院北京畜牧兽医研究所培育的北京鸭新品种，包括两种不同生产性能特点的品系，即瘦肉型北京鸭品系和脂肪型北京鸭品系。脂肪型北京鸭皮脂率和腹脂率分别高达36.92%和2.70%，如此丰富的皮下脂肪适合做烤鸭原料。

2. 日龄

日龄是影响肉品风味的因素之一，鸭肉的组成成分随着饲养日龄的增加而改变，体内代谢的变化会影响风味前体物质，特别是氨基酸、脂肪酸、核苷酸等改变使鸭肉产生不同的风味。

（二）饲料与饲养

1. 饲料

饲料营养的供给直接影响鸭的生长速度和体内蛋白质和脂肪的比例，

从而影响肉品质。影响脂质沉积的日粮因素主要有饲粮脂肪含量、饲粮蛋白质和能量水平，以及饲粮粗纤维水平。不同的脂肪来源对畜禽的胴体品质和脂肪沉积有不同的影响，在日粮中添加不同油脂可以调控体脂沉积；饲料中的不同蛋白质和氨基酸水平是影响畜禽生长速度和胴体构成的主要营养因素，摄入不足会降低胴体率，增加脂肪沉积。饲料中的油脂来源、能量水平、蛋白质水平均影响动物机体脂质沉积。

2. 饲养环境

饲养环境对鸭肉品质的影响较大。低温下饲养的鸭肉蛋白质、不饱和脂肪酸含量较高，而夏季高温高湿能引发肉鸭发生热应激反应，降低鸭肉的品质。鸭舍内氨气不仅危害鸭只健康，也影响鸭的肌肉品质。氨气浓度高时，会使得鸭肌肉pH值升高，含水率增加，肌肉变得灰白，可食度和风味均下降。

3. 填饲

填饲可促进肥鸭短时间快速生长，而且填饲的鸭子肉质肥美、细嫩多汁，适用于制作烤鸭，因而商品价值很高。研究表明，填饲能够快速增加35日龄雄性北京鸭体脂沉积，显著影响肉鸭胸肌生长发育，但随着填饲量的增加，营养物质表观消化率下降，填鸭体脂沉积量不再增加。

（三）运输、屠宰、储存

1. 运输

许多研究证实，运输过程会导致牲畜死亡率升高、畜体损伤和肉品品质下降等问题。通常情况下，肉鸭长成后送往屠宰厂宰杀，不管是通过何种运输途径，如果运输时间超过一定范围，肉的品质就会产生一些明显的感官变化。不合理的运输方式和运输时间会引起肉鸭体内水分流失，从而引起体重下降；宰前运输产生的强烈应激会导致糖原损失，产生高的极限pH值，进而极大地影响肉品质。因此，在运输过程中，一定要控制好运输时间，加强运输管理。

2. 屠宰

肉鸭在屠宰前易发生应激反应，体温升高，乳酸积累和ATP消耗加剧，对肉的嫩度、多汁性、颜色和风味产生较大影响，肌肉可能发生变化，变得苍白、柔软，有汁液渗出。因此在宰前应尽量减少应激。

3. 储存

肉鸭屠宰后，虽然生命已经停止，但其体内还存在着各种酶，体内机能活动并未完全丧失。屠宰后的肉会发生尸僵、成熟、自溶和腐败几个连续变化的过程。因而，宰后的贮藏条件显得尤为重要。肉品质的好坏与肉品所处的环境温度息息相关，温度太高或者太低对它们都有一定的影响。温度的变化自然会引起肉品质的改变。

（四）加工

鸭肉的蛋白质含量较为丰富，而蛋白质是机体必不可少的组成元素，它不仅对肉制品的风味、口感和营养起到调控作用，还对产品的最终性质起重要的作用。肌原纤维蛋白是鸭肉中含量最高的蛋白质，鸭肉加工过程中蛋白质易产生降解，结构发生变化，导致其理化特性受到影响，使肉的品质发生变化。在肉制品加工过程中，肌原纤维蛋白对肉制品的品质特性如持水力、颜色、嫩度等产生显著影响。

第四节　北京烤鸭独特的填饲工艺

一、填饲工艺的前世

北京烤鸭常以细嫩汁满、酥香不腻、色如琥珀、味道醇厚而闻名，得到了众多食客的青睐和垂涎，素有“京师美馔，莫妙于鸭”等盛名。长久以来，地道的北京烤鸭须由北京填鸭经特定的烤制工艺而得。因而，体阔、羽白、嘴短、胸丰的北京填鸭就成为各家烤鸭店追捧的对象。

（一）填饲的目的

肥育鸭填饲的目的主要在于：一是改进鸭肉的品质；二是在较短的时

间内迅速增加鸭的体重；三是增加养鸭人的经济收益。

如想达到育肥的目的，必须采取一系列的有效促使鸭肥育的措施。例如，采用适于肥育的饲料，增加鸭的食量，限制运动，减少能量消耗，合宜的环境，良好的管理等。我国劳动人民很早就知道这个原理，并已把它用之于实践，北京填鸭就是一个典型的例子。填饲过的肥鸭与未填饲的鸭在肉的品质方面迥然不同。经过填饲的鸭肌肉纤维间均匀地分布着脂肪，且脂肪为白色，肌肉纤维为红色，两者相间构成了美丽的花纹，这就是一般所说的“间花”，同时在皮下也填满一层厚厚的脂肪。未肥育过的鸭，这方面要逊色一些。

（二）北京鸭填饲工艺的形成

北京鸭填饲工艺的形成有多种记载和说法。

“延续说”。相传在我国南北朝时已有“填嗉”法（见《齐民要术》养鸭的记载）。在此影响下，当地鸭农又创造了人工“填鸭”法，最终培育出了毛色洁白、雍容丰满、肉质肥嫩、体大皮薄的北京鸭。

“歪打正着说”。据传说，清朝时皇城内宫廷贵族人皆喜食北京鸭，特别是烤制后的鸭肉更是美味，城内的太监每到早晨都到城外收买活鸭，回去后宰杀烤制，就这样，鸭买卖交易日渐兴盛，后来还出现专门做北京鸭买卖的小商贩。伴随着对鸭子需求量的增加，小商贩为了使卖给太监的鸭子重量重一些，多卖些钱两，打起了“歪”主意——“做假”，这些小商贩为增加鸭子的分量而强行向鸭“嗉囊”中填饲“食物”（一种糖、泥土、细石子和石膏水等的混合物）。填完之后鸭子既肥重又不死，烹饪后鸭肉更加美味，因此在宫廷内大受欢迎。于是，后来不经填饲的鸭子反而不好卖了，就这样北京鸭的“填饲”就慢慢发展成了一种技术，可谓是歪打正着。而这种民间传说，至今还为人们所津津乐道。

“人工增肥说”。在传统饲养方式下，北京鸭一般长到30多天后采食量就徘徊不增，延长了达到烤制要求的饲喂时间，既不经济也浪费时间。通过不断的探索，劳动人民摸索到了通过人工填食让其增肥的方式，做成烤制用的成鸭。通常，用于烤制的填鸭按标准需要重在3 kg以上，而鸭子不爱吃食时一般仅有2 kg左右，需要通过填饲补齐1 kg的差距。同时，按照传统的放养方法，鸭子的腥味太重，烤出来发酸，口感不佳，而通过填饲就很好地解决了口感的问题。

总之，无论何种说法，时至今日，正宗的北京烤鸭与填饲工艺之间有着无法割裂的不解之缘。填饲工艺也因北京烤鸭而长久流传，并随着时代的发展不断的换代升级。“填饲”这一独具特色的“非物质文化遗产”项目，已成为北京烤鸭久负盛名不可或缺的“推手”之一。

（三）解放前的北京鸭填饲

有关填饲工艺的详细记载，多出现在清朝以后。清朝嘉庆时，左都御史姚元之《竹叶亭杂记》中记载了“填鸭”之法。“朱孝廉云锦，客扬州，雇一庖人，王姓，自言幼时随其师役于山西中丞坛望署中，……鸭必食填鸭。有饲鸭者，与都中填鸭略同，但不能使鸭动耳，蓄之之法，以绍酒坛凿去其底，令鸭入其中，以泥封之，使鸭头颈伸于坛外，用脂和饭饲之，坛后仍留一窟，俾得遗粪，六七日即肥大可食，肉之嫩如豆腐。”

清朝《光绪顺天府》中这样记载，“有填鸭子之法，取毛羽初成者，用麦面和硫磺拌之，张其口而填之，填满其嗉，即驱之走，不使之息，一日三次，不数日而肥大矣”。

清末民初，王照这样描述北京鸭的填饲过程：“余尝手自填鸭矣，一二日之后到填之时刻，若偶不填，则群鸭扬脖张嘴，向空以待，虽满盆米面，鸭皆忘其低头伸舌之能力，饿死而不能自救也。”

便宜坊填鸭之法。几十只鸭子在一间小屋里密密麻麻地挤着。师傅捉起一只鸭子的脖子，塞进一个用红高粱等饲料做成的长圆形食物（俗称：剂子），鸭子直着脖子咽下去。当一只鸭子被捉起时，露出了一块隙地，于是旁边的鸭子就蹒跚地动起来；当这只填灌了食物的鸭子重新落地时，大家又一动不动地“排排坐”了。

二、填饲工艺的今生

1949年以前，北京鸭的生产规模逐渐增大，主要靠手工把玉米面、黑豆面、土面等混在一起，搓成粒状的“剂子”，逐只填饲。解放后，填饲普遍用上了电动填鸭器，生产效率大为提高，并且由于饲料配比和饲养工艺的改进，鸭的肥育期也大大缩短。

（一）改革开放之前的北京鸭填饲

1. 填鸭饲料

（1）主要饲料。填饲的目的主要是使体内沉积大量的脂肪，所以肥育用的饲料应以碳水化合物饲料为主。同时，北京鸭在填饲期间仍是生长最旺盛的时期，因此还应注意蛋白质的供给，碳水化合物和蛋白质的足量供给才能达到大量增加其体重的目的。饲料影响肉的品质及外观，所以采用饲料时也应当注意各种饲料的营养品质和卫生品质。当时北京填鸭最常用的饲料有下列8种。

①土面。土面是面粉厂的一种副产品，在磨粉时飞扬到各处或遗落在地上的粉末，将其收集起来，内含一部分尘土，因此称其为土面。土面不宜人食用，其他家畜饲用也不相宜，因而其价格低廉，是填鸭用最好的一种饲料，也是最主要的一种饲料。土面的品质差异很大，有时可能由数种面粉组成。平常以土面填鸭占饲料量的50%～70%。

②荞麦面。营养价值高，是一种很好的肥育饲料，能量含量较高，夏季以少采用为宜，其他季节可以占填料的30%左右。

③高粱。北京养鸭人认为高粱是一种很好的饲料，富含碳水化合物，蛋白质含量亦较高，用后脂肪和蛋白质同时增加。高粱多用粒料，混于填料中，但占的比例很少，约3%。填饲也可用高粱面，约占饲料的15%。

④黑豆。黑豆富含脂肪，同时蛋白质含量较高，为了使鸭增重快或填大肥鸭，有时也用一些黑豆。黑豆用前先破碎煮熟，然后混于料中，配合比例为3%左右。

⑤大米糠。填鸭有时也采用一些大米细糠，其中含有较丰富的蛋白质、脂肪及矿物质，但大米糠含纤维也很多，所以用量不能太多，否则会影响填饲的效果，用量约占饲料的15%。

⑥高粱糠。高粱糠也是采用细糠，过去很少用，新中国成立后才渐采

用，成分与大米糠情形相似，用时占饲料的25%～30%。

⑦小麦麸。养鸭人普遍认为小麦麸纤维含量高，吃后不利于鸭子的生长，所以一般不采用。

⑧玉米粉。北京鸭的皮肤为白色，假如填饲采用黄玉米，可使皮肤变为黄色，在习惯上不受欢迎，当时一般不采用。假如采用不应超过10%。

（2）配合比例。填饲用的饲料主要是副产品，用量很大而市场供应并不太恒定，所以肥育用的饲料种类和各种饲料应占的比例亦不固定，举例如下。

例1：土面（60%）、高粱面（20%）、细糠（15%）、熟黑豆瓣（5%）。

例2：土面或全麦粉（不合格小麦磨成的粉）（60%）、高粱糠25%～30%、玉米面10%～15%。

2. 填饲饲料的调制及剂子的做法

填鸭用的饲料绝大部分是粉料，为了更容易消化，传统的常需用沸水将其烫熟，调制方法如下：

将配合好的饲料放入大缸盆中，混合均匀，注入沸水，急速搅拌成稀糊状，再倾入少许高粱粒。停留片刻，当高粱粒将水吸入后，面即变成软硬适度的备饲料。面与水的比例大致为1：（0.5～1）。烫面需要有技术和经验，面烫的软硬影响做剂子的速度。假如面软，做出的剂子也软，填鸭不容易，鸭吃后，不经时候，易饿。如太硬，挂鸭的嗓子，对鸭不利。

面烫好以后，用力揉搓，然后做成一圈一圈的，在两手掌中搓成长4～5 cm，粗1.5～2 cm的棒状，俗即称“剂子”，做剂子时候应沾一点水，这样可避免面粘手，增加做剂子的速度，同时做出的剂子表面光滑，容易填喂。剂子应为圆形，两头钝齐。每个剂子重25 g左右，每20个剂子约重500 g。500 g干面可做30个剂子。

做剂子完全为手工，每分钟可做15～18个。西郊农场过去曾有一位工人师傅创制一种制剂子的机器模型，每分钟可做剂子5 000个以上，用于实践可节省许多人工，对我国的填鸭也有很大的推动作用。

剂子应当每天做，冬天可两天做一次，搁置时间长，皮将干裂，挂嗓子，易引起发炎。

3. 填鸭的方法

（1）适宜填饲的日龄。北京鸭在前两个月生长最为迅速，利用饲料经济，这是它的经济增重期。进入第三个月生长速度减慢，过了三个月就更慢了。北京鸭生长到两个月后，在体重及肉质方面完全适宜屠宰，假如在此时期稍加囤肥，肉质变得更为鲜嫩多汁，芬芳适口，所以北京鸭最适宜填饲的日龄是在60 d左右，具体填饲日期当然还要根据季节及雏鸭的饲养管理而定。春秋两季气候温和生长快，长到55 ~ 60 d就可以填饲，而夏冬两季生长就慢，填饲多在70 ~ 80 d以后。鸭子到这个时期，正式绒毛已换齐，胸部两侧及翼前翼肩部大毛也已长出，翅上的主翼羽及副翼羽长至1寸多长，尾羽约半寸余，体重在1 500 ~ 2 000 g。这个时候开始填最好。太晚主翼羽长至2寸以上时，填饲增重慢，不经济，肉质不良且易死亡。

（2）填饲阶段。填饲日期的长短主要根据市场的需要、顾客的要求，顾客喜欢大鸭子，填的时间就要长，相反就需短。假如市场需要得急迫，填的时间就短，滞销时，填的时间就不得不延长。平常填鸭的时间为15 ~ 20 d，短时仅为7 ~ 10 d，长时可达到60 d以上。但填的时间越长，体重增长得越慢，越不经济，在填的过程中越需要技术。鸭越大，越易发生死亡损失。

（3）填饲的方法。家禽肥育的方法常见两种，自然肥育和人工填饲。

人工填饲又分为两种：手工填饲，将做好的填食——剂子，用手一一从口中填入；机器填饲，将填饲用的饲料加水做成半流动体，然后放入填饲机上的贮食器中，贮食器的底部有一出口，上装一皮管，经压力食即从管中流出。填时将鸭赶至舍内或运动场一角，用鸭笼或席篓挡住，然后捉一部分鸭到鸭笼中，准备填饲。填饲的用具很简单，剂子、小板凳、小水桶。人坐在小板凳上，从笼中取鸭填喂，固定鸭的方法常见的是将两翅展开，一起夹于左腿膝弯曲内侧；也有的用左脚轻轻踏住一翅，然后左手握鸭头，用拇指及食指从鸭嘴两旁将口顶开，中指抵住鸭舌，无名指及小指在颈外喉下，右手拿剂子填喂，熟练工人一次可拿5枚以上，将剂子在水中蘸一下，可起润滑作用，迅速将剂子填下，每填3个，用右手轻将食道中的剂子顺颈推往食道下部，然后继续填饲。填后将鸭放开，令其饮水，填的速度根据技术熟练的程度而定。刚开始填的鸭子，填的剂子少，速度就快，后期大鸭子填量多速度就慢，根据经验每填一个鸭需0.5～1 min。

（4）填饲的次数与剂量。平常每天填鸭两次，早晚各一次，两次填的时间间隔相等。在最初几天也有每天填三次的，因为鸭子开始填不习惯，不能多填，但填的少，食量不够，于是填三次，每次少填。填的剂量起初每次填4～5个，以后逐渐增加，大致每三天增加两个，到了后期每次最多可填到14～18个，填饲期间每天每鸭平均用干粉料500 g。

填成大鸭子有几个条件。首先鸭子个儿大，体质结实；其次是公鸭；最后填的时间长。在鸭群中仅有40%可以填成大鸭子，其余的都在填的过程中因为体弱，或不再增重而陆续售卖了。

（5）填饲注意事项。首先被填的鸭子一定要健康，没有毛病，因为从自由采食到强迫填饲，对鸭子而言是一个很大的应激，有病的鸭子经不起这个变化。为了避免生活方式变换太剧烈，影响填饲效果。在填饲的最初几天，管理方面及采食方式上最好采取渐变的过程，洗浴次数和运动量慢慢减少。每次填食前自由采食片刻，过两个小时后再填一部分，以后按时减少自由采食次数，慢慢改为填饲。在填前一定要注意鸭子的消化情况，也就是查看上一次填的食是否完全消化，这一点非常重要。假如尚没有消化完全又继续填，一定会出问题，俗称“顶食”。消化力强的鸭子精神好，好动，在下次填时胸前有一道深沟。假如食道内积食，胸前较胀，说明消化不良，鸭子可能有病，遇到这种情形，千万不要再填，应当选出观察。有经验的技工，将鸭握在手里就知道鸭子消化的情况，甚至知道肚内的食是否完全消化，只有消化完全的鸭才能继续填喂。

填鸭时左手不可握得太紧，以免卡住食道，导致窒息。每次填的量一定得灵活掌握，不能机械照搬。消化力差一点而精神好的鸭，减少填量；天气炎热时，填量应减少；消化力强而增重慢者应增加填量；有时因为填的技术不好，发生换毛现象，这时填量也应减少，否则不但不长重量，反而容易死亡。

有的鸭子体质弱，经不起长时间的填饲，常发生跛腿，站不起来，或有的鸭精神不好，遇有这种情形，应当选出提前出售，否则容易遭受死亡损失。

公鸭体型大，长得快，凡能填到3 kg以上的大鸭子多为公鸭。为了填饲方便且容易管理，有条件时，最好将公母鸭分开填饲管理。

4. 填鸭的增重

（1）影响增重的因素。影响填鸭增重的因素很多，归纳起来主要涉及以下几个方面。

①品种。鸭的类型不同，肥育时增重速度显著不同。肉用品种比兼用品种增重快，兼用品种又比卵用品种增重快。但是同一个类型，品种间也有不同。北京鸭在填饲效果上是最好的品种。

②个体。同一个品种，或是同时孵出的鸭子，因个体间的生活力和特性是不相同的，增重也有不同。

③日龄。日龄不同在肥育时增重也不相同，日龄愈大增重愈慢，所以开始填饲的时间不应太晚。

④性别。北京鸭性别不同在填饲时增重很不同。公鸭增重快，而且生长期比较长，公鸭开始填应稍晚一些，填饲时间也比较长，这是生理不同的缘故，一般说公鸭生长快，个体也比较大。

⑤季节。季节对于增重影响很大。春秋气候适宜，增重快；炎夏寒冬增重慢。

⑥饲料成分。肥育需要较多的碳水化合物饲料，但北京鸭在填饲时，身体发育还远远没有成熟，生长仍是比较旺盛的阶段，假如在肥育过程中不顾及这个特点，在蛋白质及矿物质方面得不到满足，对于填饲增长毫无疑问会有严重影响。

⑦管理。管理对增重的影响也非常重要。管理的目的是减少影响增重的因素，同时创造更适宜的外界条件，满足鸭的生理要求。例如，舍内温度、光线强度、周围环境、清洁卫生、饮水节制等，都包括在管理之列。

⑧填鸭技术。填鸭人技术的优劣，也影响增重。如填的方法及技术拙劣，即使用同样的饲料，填量也相同，结果却不同，不但增重慢，而且经常发生死亡。

填鸭个体的大小与填的时间长短有关，需要大个鸭时，填的时间一定得长一点，这是毫无疑问的。北京鸭一般填20 d，技术好可增重1.25 kg。

假如原重1.75 kg，填20 d后可长到3 kg，相当原重的41%。填30 d活重可达到3.5 kg。

（2）填鸭增重的3个阶段。在填饲期间，前后增重的速度不同，前期慢、后期快。假如填饲20 d，根据某鸭子房的说法前10 d增重500 g、后10 d增重750 g。前10 d增重慢的原因，一则是饲养方式改变，由自由采食马上变为填饲，鸭子不习惯，增重当然受影响；再则因为过去喂的青饲较多，填饲阶段饲料改变剧烈，完全变为精料，体内代谢作用也发生改变，积蓄脂肪，因之重量减低。在填饲过程中，根据实际观察，大致可分为3个阶段。

①体重减轻阶段。在填饲最初几天体重不但不增加反而减轻，原因已如上述，这个阶段经过6～8 d。然后体重由减轻再慢慢恢复，接下来再开始增重。

②迅速增重阶段。在这个阶段鸭已习惯于新的饲喂方式和管理方法，体重增加迅速，此期约15 d。

③增重缓慢阶段。当填至20 d以后，增重渐渐变慢，而且时间愈长，增重愈慢。此时鸭体内已积蓄大量脂肪，鸭体肥不愿动，对饲料的利用率减低。这也是北京鸭平时填25 d左右的原因。

5. 填饲的效果

1951年4月，北京阜成门外杨志荣鸭子房进行填饲增重的称测情况。试验者挑选10只鸭，在开始填前将鸭编号，在填饲期间逐日一一称重，其结果如表2-2所示。

表2-2 阜成门外杨志荣鸭子房填饲鸭增重情况统计

填饲天数（d）	平均体重（g）	平均增重（g）	累计增重（g）
0	1 422.2	—	—
3	1 521.8	99.6	99.6
5	1 646.8	125.0	224.6
7	1 718.1	71.3	295.9
8	1 743.1	25.0	320.9

（续表）

填饲天数（d）	平均体重（g）	平均增重（g）	累计增重（g）
9	1 786.8	43.7	364.6
10	1 843.7	56.9	421.5
11	1 871.8	28.1	449.6
12	1 921.8	50.0	499.6
13	1 931.2	9.4	509.0
14	1 959.3	28.1	537.1
15	1 993.7	34.4	571.5
16	2 006.2	12.5	584.0
17	2 087.5	81.3	665.3
18	2 128.1	40.6	705.9

1953年7月，北京农业大学畜牧系学生赴“八一鸭场”参观学习，称量了一部分填鸭体重，结果见表2-3。

表2-3　八一鸭场填饲鸭增重情况统计

时期	平均体重（g）	平均增重（g）
填前体重	1 740.6	—
填10 d后体重	2 318.7	578.1
填20 d后体重	2 568.7	828.1

1955年4月，北京农业大学畜牧系学生北京鸭科学研究小组曾在北京西郊农场进行填鸭增重的研究，显示从开始填鸭到25 d左右，每鸭每天平均增重为30 ~ 60 g。

1956年5月，陈大彰在北京西郊农场进行生产实习时，对填鸭增重速度进行了称测，共称4次，结果表明，在填饲初期（5 d左右）几乎不增加体重，第10天增重355.8 g，第20天时增重570.4 g。结果见表2-4。

表2-4　北京西郊农场填饲鸭增重情况统计

填饲时期	鸭数（只）	第一次重（g）	第二次重（g）	第三次重（g）	第四次重（g）	平均体重（g）	平均增重（g）
开始体重（估计）	20	1 750.0	1 750.0	1 750.0	1 656.0	1 726.5	—
5 d	20	1 937.0	1 593.8	1 875.0	1 468.8	1 713.6	−12.6
10 d	20	1 968.8	2 062.5	2 281.0	1 937.0	2 062.3	335.8
15 d	20	2 062.5	2 218.8	2 218.0	1 875.0	2 093.6	367.1
20 d	20	2 250.0	2 312.5	2 312.5	2 312.5	2 296.9	570.4

1993年日本同行曾用不同的育肥方法进行试验，将鸭分成4组。

第1组：公母各4只，粒饲，日粮为高粱粒50%、燕麦30%、小麦渣15%、大豆饼5%。

第2组：公母各2只，在笼内饲养限制其运动。饲料配合玉米面18%、高粱32.5%、小麦粉18%、荞麦面18%、豆饼粉9%、小麦麸4.5%。

第3组：完全按照中国北京的填法，管理也相同。填料的配合同第2组。

第4组：按照中雏鸭的饲养及管理方法进行，不进行肥育。

但试验结果并不甚理想，且各组鸭数甚少，影响结果的正确性，不过可以看出仍以中国的填饲方法效果好。今将各组增重情况列于表2-5，以供参考。

表2-5　日本同行填饲鸭增重情况统计

性别	组别	开始前重（g）	第一周重（g）	第二周重（g）	第三周重（g）	共增重（g）
公鸭	1	2 725	2 837	2 950	2 925	200
	2	2 700	2 875	3 025	2 950	250
	3	2 450	2 625	3 075	3 100	650
	4	2 800	3 150	3 300	3 225	425
母鸭	1	2 425	2 550	2 637	2 650	225
	2	2 225	2 400	2 750	2 850	625
	3	2 400	2 575	2 825	2 925	525
	4	2 650	2 800	2 950	2 850	200

6. 填饲鸭的管理

填鸭的目的是希望在较短的时间内增加较多的体重，同时还要改善肉的品质。填鸭的方法是与其正常采食代谢不符的。在此时期如不细心地管理看护，不但达不到增重的目的，反而常造成损失。管理是保证鸭达到增重的重要条件，这一点绝不能忽视。

（1）填鸭舍。填鸭舍应建在比较偏僻的地方，因为鸭的生性胆小，生人、异物、怪响皆可引起鸭的不安，增加能量的无畏消耗。所以应尽量避免惊扰。鸭舍位置应高燥、不宜潮湿。鸭舍应具备保温的条件，最好是冬温夏凉，湿度适宜。鸭舍的光线应当较暗，光线太强烈易刺激它兴奋，不能很好地增重。窗户最好向北，如果是两面窗户，南面的窗户应小一些。两面有窗户可使空气对流，容易调节温度。填饲可使鸭产生多量的热，所以鸭舍温度千万不可太高，故应保持凉爽，即使在冬季舍内温度保持在0～3℃即可。

为了限制其运动，密度较大时空气容易污浊，舍内一定得通风良好，保证新鲜空气的供给，空气流通也可使室内干燥。舍内应注意清洁干燥，因填饲时鸭大部分时间在舍内，鸭的排粪量较多，舍内地面易脏污潮湿，每天应定时清除，同时铺垫干沙土。填饲舍内在严冬时可铺草，其余时间可不铺垫草，避免鸭吞食后引起消化不良。

为了限制鸭的运动，减少能量消耗，便于增重，舍内容纳鸭数密度较大，每平方米容4～6只，鸭群不可过大，每间容100只左右为宜。

（2）运动场。填鸭舍前也应附设有狭小的运动场。定时放鸭到舍外活动，晒太阳可刺激鸭的消化力，增加食欲，有利填饲。在夏季运动场尤为需要，因为夏季舍内温度高，不宜存留，此时主要养在运动场内。为了防止太阳直射和光线太强，在运动场上应设有阴棚。运动场也应保持清洁干燥，定时清除。运动场鸭的密度每平方米约3只，运动场不要离水池太近，避免鸭思洗浴而行动“跳圈”不安。

（3）饮水问题。在填饲期间饮水也是一个关键性问题。填饲饲料主要是碳水化合物饲料，产生大量热能，使鸭的体温增高。大量的热需要排出，调节体温方法有：增加呼吸次数，填鸭多张口喘气，就是这个道理。填鸭需要较多的饮水，假若饮水量没有适当的节制，饮水太多，常引起拉稀，消化不完全，消耗热量而影响增重；但是饮水少，同样也影响消化和增重。填鸭每天饮水4~6次，夜间还需喂2次，鸭肥不好活动，在夜间喂水时应蹚圈，使鸭活动，都能饮水，如发现鸭以嘴啄盆现象，即表示口渴需要饮水，每次给水量以恰好止渴为宜。

（4）游水洗浴。在肥育中期应尽量减少其运动，以利增重，这个原则是对的，但限制并不是绝对禁止，适当的运动也是必要的。北京养鸭者每天令鸭洗浴片刻（2~5 min），这可使鸭的羽毛清洁，气血舒畅，刺激生理机能，对增重有利。所以在填鸭舍附近应设一小的人工水池。

（5）日常工作与定额。填鸭组的主要工作有下列几项：

①调制填鸭饲料，搓食——做“剂子”。

②填鸭，每天两次到三次。

③定时给水。

④令鸭洗浴。

⑤清洁鸭舍鸭圈。

⑥翻晒垫草。

管理定额西郊农场在20世纪50年代为每人管理填鸭为120~150只。

（二）改革开放之后的北京鸭填饲

随着改革开放进程的不断加深，我国饲料工业得到了长足的发展，填鸭用饲料也随着动物营养知识和技术的不断探索和推广应用，以及饲料加工工业技术、工艺、设施设备的升级换代得到了重大的改变，以动物营养知识为基础，以易得易用饲料为主要原料，以现代加工工艺为基础的营养更加全面、使用更加方便的填鸭饲料应运而生，效果更趋明显。

1. 填饲饲料

（1）填饲期营养需要。代谢能（MJ/kg）12.14~12.56，粗蛋白质（%）14.00~15.00，赖氨酸（%）0.80，蛋氨酸（%）0.30，蛋氨酸+胱氨酸（%）0.53，苏氨酸（%）0.45，色氨酸（%）0.16，粗纤维（%）≤6.00，钙（%）

0.70～0.90，可消化磷（%）0.35～0.45，维生素A（IU/kg）15 000，维生素D（IU/kg）3 000，维生素E（mg/kg）20。

常用饲料为玉米、小麦、次粉、高粱、豆粕、花生粕、鱼粉、磷酸氢钙、石粉、食盐、油脂、饲料添加剂等。使用的饲料和饲料添加剂应符合《饲料原料目录》和《饲料添加剂品种目录》。

（2）填饲饲料配方。曾经推荐的两个配方见表2-6。余德勇等（2005）研究表明，填饲组公、母鸭42日龄体重分别较对照组体重提高了13.8%和16.8%（$P<0.01$）。填饲期公母鸭增重分别较对照组高出37.5%和71.6%（$P<0.01$）。不填饲公鸭到达生长拐点的时间在4.43周左右，滞后于母鸭（4.31周）；填饲北京鸭公鸭到达生长拐点的时间在5.27周左右，较母鸭（5.43周）略有提前。韩燕云等（2014）研究表明，填饲时间越长，填鸭生长速度提高，出栏日龄缩短。填饲时间长对填鸭造成一定的伤残，成活率降低，同时，填饲期饲料消耗量较大，导致料肉比随填饲期的延长而升高；但北京鸭保持一定的填饲期有利于皮脂的积累与胸肌的生长。杨紫嫣等（2016）的研究表明，填饲能显著提高肉鸭的增重效率；但同时会显著降低肉鸭腿部肌肉的品质，会使鸭出现应激征象，且在一定程度上影响肉鸭的血液循环系统。

表2-6　填饲饲料配方

项目	配方1（%）	配方2（%）
玉米	25.00	58.00
豆粕	10.00	26.62
菜粕	3.00	—
花生仁粕	5.00	—
玉米酒糟及其可溶物（DDGS）	8.00	—
米糠	20.00	—
次粉	10.00	9.00
麸皮	—	—
鱼粉	—	—

（续表）

项目	配方1（%）	配方2（%）
豆油	—	1.80
饼干粉	14.70	—
磷酸氢钙	0.62	1.60
石粉	1.60	1.20
食盐	0.20	0.30
元明粉	0.40	—
70%赖氨酸	0.46	0.14
DL-蛋氨酸	—	0.12
苏氨酸	0.02	—
氯化胆碱（50%）	—	0.20
1%中鸭预混料	1.00	1.00
植酸酶	—	0.02
营养水平		
代谢能（kcal/kg）	2.95	3.00
粗蛋白质（CP）	17.50	17.00
钙（Ca）	0.85	0.85
有效磷（AP）	0.35	0.35
赖氨酸（Lys）	0.85	0.85
蛋氨酸+胱氨酸（Met+Cys）	0.60	0.60

2. 填饲机具

肉鸭生产中为加速增重，促进脂肪积累，往往都要经过填饲才能达到理想的效果。以前是用手工填饲的方法，在现代养鸭中都采用填饲机进行填饲。常用的填饲机有手动填饲机和电动填饲机两类。

（1）手动填饲机。在小型的肉鸭场和使用电力不方便的地方可使用手动填饲机。该类机器结构较为简单，操作方便。可先用三角铁焊成整个大结构，再用铝板或木板等制成料箱，连接到唧筒上。唧筒底部装有套上橡皮管的填饲嘴。填饲嘴的内径为1.5～2.0 cm、长10～13 cm。用手压填饲把，即可通过唧筒和填饲嘴将饲料填入鸭食道内。

（2）电动填饲机。电动填饲机使用方便、填饲效率高。根据所填用的饲料不同，分为螺旋推进式填饲机和压力泵式填饲机。使用时，将饲料置于呈漏斗状的料斗内，料斗的下方有一根填饲嘴，从料斗直到填饲嘴中有一条用电动机带动的螺旋形弹簧，随着螺旋推进器的转动，饲料从填饲管被推出后进入鸭的食道内。在以促进肉鸭增重和脂肪积累为目的的填饲中，常用粉状饲料调制成糊状，采用压力泵式填饲机填饲。使用时，电动机转动带动与其相连的曲柄，曲柄带动唧筒上的活塞上下移动，从而完成饲料的填饲。

3. 填饲

（1）填饲前准备。按照公母、强弱、大小分群，每群80～100只。随后剪去鸭爪尖。将鸭赶入填饲机旁的小圈内，小圈面积1 m^2左右，每小圈容纳10～20只鸭。

将粉碎的原料按照饲养标准搭配，调制为粥状，前3天水料比为6∶4，以后为4∶6，夏季放置1 h，其他季节放置2～3 h。

（2）填饲。填饲操作：左手握住鸭头部，将鸭后脑置于掌心，拇指和食指撑开鸭喙，中指压住鸭舌，右手轻握鸭的食管膨大部，将鸭喙轻轻套入填饲胶管，使胶管插入咽下部。调整鸭的姿势，使鸭体与胶管平行。若为手动填饲，将右手移开膨大部，轻压压食杆，填饲完毕，压食杆上提，将鸭喙抽出；若为电动机械填饲，左手松开，右手握住鸭头，脚踏开关，待填饲完毕后，关闭开关，将鸭喙撤出。

填饲次数。第1～3天，每天6次；第4天后，每天4次。全天均匀分布。

填饲量。第1天，150～160 g；第2～3天，每天175～200 g；第4～5天，每天200～225 g；第6～7天，每天225～250 g；第8天后，每天275～300 g。

（3）填饲期管理。

饮水。填料后0.5 h内不饮水，其他时间自由饮水。水槽中加入直径5～6 mm的砂砾。

垫料管理。保持地面平整，垫料松软、干燥，舍内不露地面。

环境控制。保证安静，防止惊吓。白天自然光照，晚上人工光照，白炽灯高2 m，光照强度为1.25～1.5 W/m^2，密度2～3只/m^2，温度保持在4～30℃。

运动。白天每隔2～3 h缓慢轰赶鸭运动1次，每次20～30 min。

（4）出栏。填饲鸭尾根宽厚，翅根与肋骨交界处有大而突出的脂肪球，腹部隆起，体重达到2.6 kg以上时，可出栏上市。出栏前6 h停止填饲，供给充足饮水。缓慢将鸭抓入周转箱，每平方米不超过10只。运输途中注意平稳，防止剧烈颠簸，避免急刹车。

4. 填饲工艺对鸭体消化系统生长发育的影响

（1）免填工艺。20世纪80年代，随着人工成本的不断增加、动物营养技术和饲料加工技术的不断完善，加之填饲易于造成鸭子伤残等因素的影响，在一些养殖场出现了以自由采食，即长期供料、不限时、不限量，由北京鸭自己去吃的饲养工艺，即免填工艺，取得了某些效果。雏鸭长到56 d，体重一般可达2.5 kg，个别的还有48 d就突破2.5 kg。宰后酮体测定，肌肉较人工填饲的多16%左右，相对脂肪减少，经化验比较，填鸭脂肪占37%、蛋白质占13%，自由采食鸭脂肪占34%、蛋白质占15%。北京鸭在烤制时，主要是利用鸭体内部的高脂肪来烹熟肌肉，炸酥鸭皮。试验的北京鸭的脂肪含量虽有所减少，但经烤制鉴定，完全可以满足烤制中的工艺要求。食用对比，感觉与填鸭的肉质风味并无二致。免填工艺虽有一定效果，但也存在问题，主要是育肥期增重不稳定。春、秋、冬三季气温较低，鸭子喜欢吃食，增重显著，基本可以达到人工填鸭的水平；但是在夏季，由于气温较高，鸭子不愿吃食，自由采食的其增重就较慢，尤其到了2～2.25 kg后，增重更慢。

一些免填工艺配合烤炙型北京鸭品系，鸭坯的皮脂率可达到36%以上，达到烤鸭生产对鸭坯的基本要求。

（2）免填工艺与填饲工艺对北京鸭生长性能的影响。

①填饲对北京鸭的体重发育和消化器官发育的影响。研究表明，填饲组体重增长几乎达一倍，心脏重量增长90%左右，体长及胸围各约增长

20%；与此同时，消化器官也有明显的发育，最突出的是肝重增大80%以上，胰重增长25%，小肠长度增大20%以上。相反，自由采食组体重增长不到70%，体长、胸围、小肠长度和肝脏重量变化不大（表2-7）。

表2-7 各组北京鸭体发育及消化系统发育状

项目		体重（kg）	体长（cm）	胸围（cm）	心重（g）	肝重（g）	胰重（g）	腺胃（长×宽）（cm）	肌胃（长×宽×厚）（cm）	小肠（cm）
基础组	平均	1.44	27.8	28.1	11.91	72.75	11.0	6.92×1.84	7.29×5.18×3.93	2 013
	赋值	100	100	100	100	100	100	100	100	100
填饲组	平均	2.80	33.45	35.6	22.49	133.21	13.92	6.95×2.15	7.27×5.16×4.09	2 426
	增长率（%）	194.4	120.36	126.69	188.3	183.11	126.55	117.44	103.38	120.51
免填组	平均	2.41	28.29	31.0	16.58	77.58	7.99	6.05×1.49	7.06×5.25×3.94	2 072
	增长率（%）	167.01	101.76	110.32	139.21	106.64	72.64	74.90	98.40	102.93

②填饲对北京鸭胃肠道运动的影响。经填饲后，鸭胃肠道运动显著加强，比自由采食组约增强一倍以上。

③填饲对北京鸭胰腺及胰淀粉酶活性的影响。填饲组体重增长大于自由采食组，前者平均体重2.8 kg，而后者为2.4 kg；填饲组胰脏重大于自由采食组，前者平均为13.9 g，后者为7.99 g；胰淀粉酶活性也是前者高于后者约30%。

④填饲对北京鸭糖耐量的影响。鸭经填饲后基础血糖值升高20%以上，同时耐糖能力也显著增加。填饲前及自由采食组前期和后期均在静脉注射葡萄糖后第110 min内，血糖浓度恢复到原来水平，而填饲后静注葡萄糖至第50 min内血糖浓度即恢复到原来水平，同时填饲组体重增长显著，提示其转化利用碳水化合物的能力提高。

⑤北京鸭填饲前后血糖及肾糖阈值的变化。填饲和自由采食组分别测定空腹及饲后连续6 h（每小时一次）的血糖量及尿糖量。

结果是填饲组饲后血糖的进食性波动明显，血糖高峰提前一小时出现，持续高峰时间延长1～2 h，峰值平均比空腹时高25%，随着血糖升高，尿糖也相应增加。自由采食组进食性波动较小，峰值仅超过空腹时14%，尿糖仅有微量。

三、填饲工艺的未来

北京鸭填饲工艺是我国劳动人民长期智慧的结晶，对北京鸭的培育和发展，以及北京鸭文化的塑造发挥了不可磨灭的贡献。但随着时代的发展、技术的进步、饲养方式的改变，以及劳动力成本的攀升，北京鸭填饲工艺受到了极大的冲击，仅在一些地理标志北京鸭养殖场、传统工艺饲养场得到了保留。

面对新时代，北京鸭填饲工艺未来何去何从，是北京鸭养殖产业相关人员都应该考虑和关注的问题。

纵观产业发展趋势，未来北京鸭填饲工艺应在以下两个方面得到发展：

一是作为非物质文化遗产内容和地理标志。北京鸭生产的必备环节，在设施设备、填饲饲料等方面得到进一步的完善和升级，使北京鸭填饲工艺作为中华民族优秀文化的一部分加以继承和发展，从而使其在北京农业的现代化发展中呈现“生产、生态、生活和示范”功能中发挥作用。

二是引入人工智能技术。在信息技术、动物营养技术、填饲技术、人工智能技术等的基础上，以人工智能技术替代人工填饲，从而提高饲养效率和填饲效果。

北京鸭填饲工艺是北京非物质文化遗产的传承，是一段养鸭历史的再现，是北京本地畜牧业乡土文化的保留。

第三章 北京鸭的养殖

第一节　北京鸭养殖

近代时期北京鸭的养殖主要是采取放养模式，而且当时的养殖者对饲养环境要求十分严格，要在水域的周围养殖，俗称“暖河筒”“肥河筒”的水域类型中养殖，“动水”和“静水”各有优势，但是“臭河底”不适宜作为北京鸭的放养环境。最适宜的养殖场地应该是水质清洁良好、深浅宽窄适宜、水草鱼虾繁多、冬季不冰封不干涸、有天然的遮阴树林和可以防风的陡岸山丘的水域。北京鸭养殖按照传统分为4个阶段，分别为小雏鸭期、中雏期、大雏期、填饲期，在养殖上俗称“鸭黄”“撒地”“返白”“匀鸭”。

一、小雏鸭期的饲养

小雏鸭期也叫“鸭黄”，这个阶段需要经过2周或者2周以上的饲喂，直到黄色的胎羽脱落。刚出壳的雏鸭绒毛短，调节体温的能力差，常需要人工保温；雏鸭的消化机能尚未健全，要喂给容易消化的饲料；雏鸭的生长速度快，尤其是骨骼生长很快，饲养雏鸭时一定要供应营养丰富而全面的饲料。雏鸭娇嫩，对外界环境的抵抗力差，易感染疾病，因此，育雏时要特别重视卫生防疫工作。

育雏方式一般有3种情况，即地面育雏、网上育雏和立体笼育。地面育雏是在育雏舍的地面上铺上5 ~ 10 cm厚的松软垫料，将雏鸭直接饲养在垫料上，采用地下（或地上）加温管道、煤炉、保姆伞或红外线灯泡等加热方式提高育雏舍内的温度。这种方法简单易行，投资少，但房舍的利用率低，且雏鸭直接与粪便接触，羽毛较脏，易感染疾病。育雏舍内设置离地面30 ~ 80 cm高的金属网、塑料网或竹木栅条，将雏鸭饲养在网上，粪便由网眼或栅条的缝隙落到地面上。这种方式饲养时，雏鸭不与地面接触，感染疾病机会减少了，房舍的利用率比地面饲养增加1倍以上，提高了劳动生产率，节省了大量垫料。

（1）饮水。初生雏鸭全身绒毛干后或雏鸭到场后，应尽快为雏鸭提供清洁、无污染的饮水。水温应与室温一致，水质应达到饮水标准。在路途遥远、运输时间长或天气较热时，为防止脱水，应延长饮水时间，并在饮水中加入适量的电解质多维。对于脱水严重或体弱的鸭只要进行人工诱导饮水，这样可以使卵黄囊中的剩余卵黄迅速吸收，让雏鸭较快恢复体力，有利于提高雏鸭成活率。供水1 ~ 2 h后开食。

（2）开食。第一次喂食又叫“开食”，开食应在幼雏出壳后24 h内进行，过晚“开食”就要“老口”（即下食不快），影响幼雏的生长发育。开食料可用碎玉米或碎大米等，让鸭啄食，做到随吃随撒。个别不会吃食的幼雏，可将饲料撒在其他幼雏的身上，以引其啄食。前3天不能喂得太饱，以免引起消化不良。要勤添少给，每次喂八成饱，每天喂6 ~ 8次。

（3）温湿度及通风。雏鸭的消化器官发育还不健全，消化能力差，饲养工作稍不注意就容易发生肠道疾病（如肠炎等）。雏鸭在第1 ~ 3周龄时自由采食。从第4周开始，每天喂料3次，早、中、晚各1次。少喂勤添，减少饲料浪费。雏鸭1 ~ 3日龄喂食小鸭破碎料。以后可用小鸭颗粒料，直径为2 ~ 3 mm。雏鸭出雏后，通过运输或直接转入干燥的育雏室内，雏鸭体内的水分将会大量丧失，失水严重将会影响卵黄物质的吸收，影响雏鸭的健康生长。因此，育雏初期育雏舍内需保持较高的相对湿度（60% ~ 70%）。随着雏鸭日龄的增加，体重增长，呼吸量加大，排泄量增大，应尽量降低育雏舍的相对湿度（50% ~ 55%）。雏鸭新陈代谢旺盛，需要不断吸入新鲜的氧气，排出大量的二氧化碳和水气，同时地面育雏时，鸭粪和垫料等分解后会产生大量氨气和硫化氢等有害气体。通风的目的是排除鸭舍内过量湿气及氨气等有害气体，保证鸭舍环境空气新鲜，保证雏鸭正常健康生长。在育雏的最初几天内，要缓慢通风，防止环境温度波动。

二、中雏鸭期的饲养管理

3～7周龄的肉鸭称为中雏。中雏期是鸭子生长发育最迅速的时期，对饲料营养要求高，且食欲旺盛，采食量大。中雏期的生理特点是对外界环境的适应性较强，比较容易管理。其饲养管理的要点如下：

（1）饲料。从雏鸭舍转入中雏舍的前3～5 d，将雏鸭料逐渐调换成中雏料，使鸭逐渐适应新的饲料。中雏期鸭子生长发育迅速，对营养物质要求高，要求饲料中各种营养物质不仅全面，而且配比合理。

（2）温度。除冬季和早春气温低时采用升温育雏饲养外，其余时期中雏的饲养均采用自然温饲养方法。但若自然温度与育雏末期的室温相差太大（一般不超过5℃），这时就应在开始几天适当增温，否则会引起中雏鸭感冒或其他疾病。

（3）饲喂。根据中雏的消化情况，一昼夜饲喂4次，定时定量。投喂全价配合饲料，或者用混合均匀的粉料，用水拌湿，然后将饲料分堆撒在料盆内或塑料布上，分批将鸭赶入进食。鸭在吃食时有饮水洗嘴的习惯，鸭舍中可设长形的水槽或在适当位置放几只水盆，并及时添换清洁饮水。

（4）管理。

保持鸭舍内清洁干燥。中雏期容易管理，要求圈舍条件比较简易，只要有防风、防雨设备即可。但圈舍一定要保持清洁干燥。夏天运动场要搭凉棚遮阴，冬天要做好保温工作。

密度适当。中雏的饲养密度，肉用型雏鸭8～10只/m^2，兼用型10～15只/m^2，随雏龄增大，不断调整密度，以满足雏鸭不断生长的需要，不至于太过拥挤，从而影响其摄食生长，同时也要充分利用空间。

分群饲养。将雏鸭根据强弱、大小分为几个小群，尤其对体重较小、生长缓慢的弱中雏应强化培育、集中喂养、加强管理，使其生长发育能迅速赶上同龄强鸭，不至于延长饲养日龄。

光照。适当的光照有益于中雏的生长发育，所以中雏期间应坚持23 h的光照制度。

三、大雏鸭期的饲养管理

在肉鸭肥育期（6～7周龄），肉鸭的体重将迅速增加。肉鸭舍内适宜饲养密度应从5.5只/m^2减少到4.0只/m^2，室外运动场适宜密度为3.5只/m^2。肉鸭应分群饲养，群体大小以1 000～1 500只为宜。鸭舍宜用0.6～0.7 m高的篱笆墙分隔，每栏面积300 m^2左右。每栏提供20 m长的饮水槽和足够的食槽，保证肉鸭能充分采食到饲料。肥育期肉鸭饲料可用颗粒料或粉料。颗粒料一般采用自由采食方式饲喂，应保证料槽经常有洁净的饲料。粉料加水拌湿后定期饲喂，要求饲料新鲜，应防止饲料变质、发霉。粉料饲喂应坚持少喂勤添。自由采食肉鸭每只每日喂料量为250～300 g。

四、填鸭的饲养管理

填鸭是中国肉鸭独特的生产方式，产品用于加工烤鸭。填鸭所用饲料为粉料。用于填鸭的生长期肉鸭日龄一般为30～35日龄，冬春季节和秋季天气凉爽，肉鸭采食量大，生长快，肉鸭初次填饲日龄一般为30日龄左右；夏季天气闷热，肉鸭采食量低，生长较慢，填饲日龄约为35日龄。填鸭期长短一般为7～14天。填鸭每天填饲4次，每6 h填饲1次。每次填湿粉料量400～500 g，水料比为3：1。初次填饲量较低，约200 g。

北京鸭最大的特点是采取填喂进食之法进行生产，而北京鸭独特“填饲”的生产方式成就了“北京烤鸭”的美味。

五、新中国成立初期的北京鸭养殖

随着新中国的成立，由过去零星分散的小生产养殖改为全民或集体的大规模鸭场，管理技术和机械化程度也有很大改进，之前北京鸭的填饲需要用玉米、黑豆、高粱、土面等饲料用手工搓成粒装的“剂子”，逐只填饲，每人每天最多能填饲150只，生产1只体重为2.5 kg的北京鸭需要花费15 kg的粮食和90 ~ 120 d时间。目前生产一只北京鸭只需9 ~ 10 kg粮食，饲养周期缩短到60 d。使用电动填饲机，每人每天可完成1 000只北京鸭的填饲。在这个阶段，形成较为完善的养殖体系，包括育雏、饲料配方等。

六、现代北京鸭养殖

为发挥北京鸭最大的生产潜力，提高北京鸭产品质量，必须从饲养方式、环境管理、关键养殖技术等方面进行规范化、标准化养殖，确定北京鸭不同生长阶段适宜的养殖参数，实现北京鸭的健康养殖。根据养殖阶段进行划分，1 ~ 21日龄为雏鸭，22日龄到填饲前的鸭为中鸭，后期为填鸭。

第二节　稻鸭共生

“稻田养鸭”是我国传统的生态农业类型，历史悠久。民国时期，人们更为重视“稻田养鸭”模式，如鸭子的品种、放养的时间、田间的管理、夜间的巡逻等，一套简单可行的稻田养鸭技术体系基本完成。

全国已有几处稻鸭共生案例入选“全球重要农业文化遗产”，如从江侗乡稻鱼鸭共生、哈尼梯田稻鱼鸭共生等，北京也有顺义稻鸭共生案例。

（1）从江侗乡稻鱼鸭系统。从江县位于贵州省东南部，毗邻广西，隶属黔东南苗族侗族自治州，境内多丘陵，世居有苗、侗、壮、水、瑶等民族，少数民族比例高达94%。当地侗族是古百越族中的一支，曾长期居住在东南沿海，因为战乱辗转迁徙至湘、黔、桂边区定居。虽然远离江海，但该民族仍长期保留着“饭稻羹鱼”的生活传统，稻鱼鸭系统距今已有上千年的历史。这最早源于溪水灌溉稻田，随溪水而来的小鱼生长于稻田，侗人秋季一并收获稻谷与鲜鱼，长期传承演化成稻鱼共生系统，后来又在稻田择时放鸭，同年收获稻鱼鸭。如今侗族是唯一全民没有放弃这一传统耕作方式和技术的民族。2011年，从江侗乡稻鱼鸭系统入选全球重要农业文化遗产（GIAHS）保护试点地。2013年，入选第一批中国重要农业文化遗产。

（2）元阳哈尼梯田稻鱼鸭共生。哈尼梯田是联合国教科文组织世界文化遗产、全球重要农业文化遗产、中国重要农业文化遗产、国家湿地公园、全国重点文物保护单位、国家AAAA级旅游景区，有1 300多年的开垦历史。当地以维护森林、村寨、梯田、水系“四素同构”循环生态系统为重点，着力培育“稻鱼鸭”综合生态种养结合，探索出千年哈尼梯田上“稻鱼鸭”综合生态种养模式，带动周边农户发展“稻鱼鸭”3万亩，示范区亩产值达10 174.2元，辐射带动区亩产值达8 095元，亩产值由单纯种植水稻不到2 000元提高到1.1万元。

（3）顺义前鲁的鸭稻共生。前鲁村（也称前鲁各庄村）地处顺义东北部，潮白河西畔，箭杆河穿村而过，是北方最早种植水稻的地方。据《后汉书》记载，东汉时期，北小营地区属渔阳郡狐奴县，光武帝刘秀将张堪从蜀地调至渔阳郡任军政太守。当时的渔阳郡农业十分落后，张堪结合狐奴县的地理特点，将南方水稻种植经验传授给当地百姓，种植水稻8 000余顷，开创了我国北方种植水稻的先河，史称“渔阳惠政”，至今已有1 900多年的历史。“水稻种植在我们村延续了近两千年，20世纪末由于村里的泉眼逐渐干涸，箭杆河水也被污染，稻田渐渐消失。”前鲁村箭杆河边合作社社长刘晓辉说，“随着箭杆河水还清，2015年，我们恢复了村里212亩稻田，养了三千多只鸭子，产出的都是有机稻米，还有咸鸭蛋”。鸭稻共生是一种种养相结合的生态模式。“鸭子为水稻除虫、除草，用鸭粪施肥，稻田为鸭子提供食物和生活、栖息的场所。两者相得益彰，营造了动植物之间的和谐共生。”前鲁鸭场场长黄礼说，“如今水稻在北京种植较为稀有，‘鸭稻共生’更是难得一见”。

一、亚洲的“稻鸭共生”技术

日本借鉴中国传统技术，吸取精华，改进革新，开创了“稻田养鸭”

发展的新局面：“稻鸭共生”技术。日本的“稻鸭共生”技术以生产绿色食品无公害稻米和鸭肉为出发点。韩国、越南、菲律宾、缅甸等国家也都进行试验和推广。马来西亚、柬埔寨、老挝、缅甸、印度尼西亚等国家也在应用和推广此项技术。“稻鸭共生”技术被称为“亚洲共同的农业技术”。但各国的发展不尽相同，各具特色：日本注重理论研究，不断追求高程度的技术标准化；韩国将“稻鸭共生”技术与生态农业的推广紧密结合，提倡全民环保意识；越南利用“稻鸭共生”技术提高稻米品质，促进出口事业的蓬勃发展；菲律宾则致力寻求生产、经济、生态的最佳平衡状态。

二、我国“稻鸭共生”技术的特点

与亚洲其他国家相比，我国现代“稻鸭共生”技术的发展有自己的特点。现代“稻鸭共生”技术是利用水稻和鸭子之间共生共长的关系构建起来的一种立体种养殖生态系统，它由“稻田养鸭”的传统技术发展而来，两者所运用的技术原理基本相同——生物间相互制约、相互促进的作用。只是“稻鸭共生”技术把稻、鸭、田看作是一个独立的生态系统，用现在的生态学概念和研究方法剖析三者之间的关系，加以改良促进，使能量向有利于人类的方向科学地流通和转换。“稻鸭共生”技术使传统的“稻田养鸭”技术在现代重新焕发出强大的生命力，进入新的发展阶段。

三、传统生态农业“稻田养鸭”技术的保护与利用

中国传统的生态农业，符合“天人合一”的哲学思想，既能创造较高的经济价值，又能维持良好的生态环境，一举两得。鉴于当今农药、化肥等化学制剂滥用之境况，必须加大传统生态农业的保护力度，并与现代农业科技相结合，进一步提高其利用价值。“稻田养鸭”技术就是其中典范。

（一）“稻田养鸭”技术的保护与利用

“稻田养鸭”技术作为农业技术类遗产，与农业遗址、农业文献、农业工具等实物类遗产不一样，它很难通过建立博物馆或划定保护区来完整

保留。作为一项具有发展潜力的农业技术，活态的保护才是最佳的选择。俗话说：“活鱼还要水中看”，让“稻田养鸭”技术以鲜活的姿态存活于民间，并服务于大众，寓保护于开发利用中才不会失去其存在的意义。经过二十几年的发展，“稻田养鸭”技术取得了显著的成效。首先，形成了一套较为完整的技术理论。对“稻—鸭—田”系统中各个参与对象、各个环节、各个步骤及其相互作用都有了深入的了解，这对汲取传统农业智慧和探索发展潜能都有很大的帮助。其次，鸭稻兼收，取得了较大的经济效益。最后，减少农药、化肥的使用，减少污染，改善生态环境。

（二）“稻田养鸭”技术的保护利用与“三农”发展

人们对农耕文化遗产的保护和利用，在“三农”发展中的地位和作用的认识正逐渐加强。其独特的地位和作用将大力服务于“三农”发展，并作出难以用数据来量化的贡献。这在农耕文化遗产“稻田养鸭”技术上就有明显的表现。

（三）“稻田养鸭”技术对现代生态农业发展的启示

现代生态农业借鉴了传统农业注重整体、协调、良性循环、区域分异的朴素生态学思想。“稻田养鸭”技术要求人们将水稻、鸭子和水田看作是一个相对封闭的小环境，根据水稻生长期、水田面积调节鸭子数量，三者互惠互助，共同促进生态环境的良性循环。鸭子除草防虫、中耕浊水，排泄物是水稻天然的肥料；水田为鸭子提供休息、劳作和觅食的场所；水稻在鸭子的刺激下促进生长，遗穗则成为鸭子的补充饲料。系统中的每一个要素都在追求最佳的生态平衡关系，从而实现现代生态农业无污染、可持续发展的要求。

（四）“稻田养鸭”技术对未来农药和化肥替代的启发

农药和化肥在快速杀灭病虫杂草，提高产量的同时，也给生态环境和农业的可持续发展带来严重负面影响。但在“稻—鸭—田”系统中，动植物之间互相制约、相互作用，使能量向最佳的方向转化，几乎不需要使用任何农药和化肥。构建合理的种养结构既能保证产量，优化质量，还能保持良好的农业环境。生态农业又称为自然农业、有机农业和生物农业等，关于生态农业的定义有许多种说法，简而言之，它是以生态学理论为主导，合理配置各种农业自然资源，兼顾经济、社会和生态效益的一种农业。“稻鸭共生”系统作为南方生态农业的推广项目之一，对周围生态环境、操作人员的素质和相关的配套措施都有一定的要求。“稻鸭共作”位于高山带，四周没有任何污染，利用天然泉水来浇灌水稻，完全禁止农药和化肥等化学制剂的使用，生产出来的稻米绿色健康，具有较高的经济价值。除了保持良好的生态环境，还必须遵守严格的生产规程，以实现系统内部的良好运行。

四、推动休闲农业的发展

“稻鸭共生”系统不仅具有较高经济价值和生态价值，其农业文化景观还具有一定的旅游观光价值。“稻鸭共生”基地一般处于偏僻的农村山区，就算是在城市圈内，也必定远离繁华，多在郊区及邻近的地区。稻田绿意盈盈，鸭戏于水，无污染的自然景观，原生态的风情体验，这都是推广农业观光、促进旅游开发的宝贵资源。

第四章 北京鸭的菜品与其他制品

第一节 北京鸭的烤制、烧制、炖制方式

北京鸭作为人们喜爱食用的肉品食材，烤制、烧制及炖制是其菜品的三种制作方式，其中主要是烤制。

一、北京鸭的烤制

“京师美馔，莫妙于鸭，而炙者尤佳”，这是清代著名文人袁枚以诗对北京烤鸭的赞誉。北京烤鸭为什么好吃？最根本的是鸭子好、配料精、烤炙技术高超。用北京填鸭烤出来的鸭子，其鲜美程度远远超过其他品种的烤鸭，被称为“北京烤鸭”。北京烤鸭主要有两种制作方式：一是挂炉烤制；二是焖炉烤制。

（一）生鸭制坯与贮藏保鲜

1. 生鸭选择

北京烤鸭的主料选用北京填鸭。其具有填养时间短、育肥快、肉质鲜嫩、皮下脂肪厚的特点。

选购鸭子的饲养期一般不超过45 d。羽毛要有光泽，洁白无瑕，翅短背长，腿粗而短，胸部丰满，体躯肥壮，一般3.15 ~ 3.45 kg最适。填鸭是

北京地区用人工强制填喂方法育肥的一种白鸭。这种鸭子消化力强、生长快，自孵出后，经过育雏和填喂，体重即可达到3.15～3.45 kg，因是用填喂方法育肥的一种白鸭，故名“填鸭”，是制作北京烤鸭的最理想品种。

2. 生鸭制坯（传统技艺）

（1）宰杀。操作要稳、准、快，刀口要小，两管（食管、气管）要割断，鸭血要控净。

方法：先用手攥住两个鸭膀根部，将鸭右掌向后搬起，再用小拇指勾紧。然后，捏住鸭嘴，让其脖颈向下弯，用大拇指和食指捏住鸭头的下部，使脖颈皮绷紧。持刀轻轻隔断食管、气管，随即放下刀，用手捏住鸭嘴，使刀口对准盛血盆（盆内预先加有适量的水、精盐），将鸭血控净即成。

（2）烫毛。水温要合适，一般是60～62 ℃，动作要快，烫毛的时间长短要合适。将锅坐火上，加入清水（八成满），待水烧至55～60 ℃，即可将鸭下锅烫毛。如果在鸭子放进热水后，发现鸭皮绷紧、鸭掌抓起的现象，这说明水温太高，要加冷水补救。

（3）煺毛。操作时动作要快而轻，鸭毛要煺得干净，鸭皮面不破不损。将烫好的鸭子脯面向上，放在案板上，左手按住鸭体，右手往鸭脯上淋点凉水，再把鸭脯毛煺下（用力要轻）。

将鸭体翻过来，放在煺下的鸭毛上，再用左手按住鸭体，用右手将鸭背、鸭尾尖的毛煺下。然后，再把鸭颈、鸭头的毛煺下。

（4）择毛。动作要快而稳，残毛择得干净，鸭皮不溢油，无破损。择毛须在水盆中进行（春、夏、秋三个季节用凉水，冬季可用温水）。择毛时，用左手托着鸭体，右手持鸭镊子，将鸭身的残留毛、胎皮择干净。择毛时要特别注意，不能使鸭体破损，也不要用手指在鸭体的某一处反复触摸，否则会造成鸭体溢油现象，影响质量。

（5）吹气。用嘴吹气改为用空气压气机打气，既卫生又减轻了劳动强度，有利于操作人员的健康。将鸭子的食管与周围的膜分开，以便空气能够顺畅的吹入鸭体。吹气时要注意吹得不可过足，八分即可。气吹得过足，容易使鸭坯外皮破裂，影响鸭坯外形的美观和质量。吹气后，继续进行其他各项工序时，便不能再用手拿鸭身，只能拿翅膀、腿骨及头颈。这时手触鸭体，便会形成凹坑，影响鸭体的美观。

把空气压气机的气嘴插入鸭颈的刀口里，开始充气（把气充入皮里肉外的脂肪层），待气充至八至九成满，拔出气嘴，用手攥紧鸭颈根部，防止跑气。鸭体充气后要把气管打一个结或扭死防止跑气。

（6）涮膛挂钩。把鸭腔、鸭颈、鸭嘴均涮洗干净，把回头肠及鸭腔内的软组织等勾出，鸭的皮面无血染迹，鸭钩要挂得端正，钩距要适度。将鸭体按入水盆（或水池）中，使鸭腔充满清水。然后，将鸭头向上，托起鸭子。从鸭肛门捅进，勾出回肠头，使水从肛门流出。再将鸭子按入水中，使鸭腔灌满水，将鸭头朝下，使鸭腔内的水由颈皮内及鸭内流出，冲去鸭嘴内和鸭颈内的杂物、黏膜，涮腔结束。

攥住鸭头，将鸭头提起，在鸭头的下端，顺鸭颈向下捋至根部，去其余气。用鸭钩在距离鸭颈根部5 ~ 6 cm的鸭颈处下钩，并使鸭钩尖从另一端露出即成。

（7）烫皮打糖（挂色）。将挂好铁钩的鸭子用开水淋烫后，毛孔缩紧，显得又白又嫩，油亮光滑。在鸭身上淋浇饴糖水，目的是使鸭体上色。兑制糖水，首先要将饴糖放入盆中，加入少量的温水澥开，再按照一定的比例，加入清水，反复搅拌，使其均匀即成（如用白糖，先加入少量的清水，上火熬煮片刻，再按一定的比例加入清水，搅匀即成）。

兑糖水的比例：枣红色烤鸭一般为1：（5.5 ~ 6）（即1 kg饴糖兑入清水5.5 ~ 6 kg）。金黄色烤鸭一般为1：（6.5 ~ 7.5）（即1 kg饴糖兑入清水6.5 ~ 7 kg）。

将挂好铁钩的鸭子用开水从鸭身的刀口处开始，从上至下浇烫鸭皮。但是，淋浇开水要适量，一般以3勺为准。如果淋浇得过多，致使皮下脂肪熔化，在鸭皮晾干后就会从毛孔中向外流油，油流的地方不易上色，烤出来的鸭子色泽不匀很不好看。鸭皮烫好后，要迅速用搅匀的糖水浇淋鸭身3 ~ 4次，目的是使鸭体上色。第一次打糖后，一定要晾干，烤出来的鸭皮才脆；第二次浇饴糖水，是为了使色上得均匀。

（8）晾坯。将鸭坯挂置在阴凉、干燥、通风的条件下，通过鸭体皮层和皮下水分的蒸发，使表皮与皮下的结缔组织紧密地联系起来，增加鸭皮的厚度，并使表皮干燥，保持鸭坯原型的美观，也是为了在烤制过程中以保持鸭胸脯不跑气、不塌陷，增加烤鸭成品皮层的酥脆性和清香味。

将烫皮打糖后的鸭坯挂在鸭杆（或挂鸭架）上，置于阴凉通风的地方，使鸭皮干燥。晾坯时间的长短与条件可因季节的变化而调节。以鸭坯晾干、不出油为准。一般在春秋季节晾24 h左右，夏季晾4～6 h（桑拿天需增加晾胚时间），在冬季要适当增加晾坯时间。

晾鸭坯时要避免阳光晒，也不要用高强度的灯泡照射。在冬季，室内不要安装取暖设备。晾坯过程中，严格避免交叉污染和腐败变质，严禁日晒。

晾坯时要随时观察其变化，如发现鸭皮溢油（出现油珠），要立即取下挂入冷库保存。

3. 贮藏保鲜

鸭坯贮存与保鲜必需有专用鸭冷库，并要求库内保持清洁。每立方米放置60只鸭坯，3～4 d为一个周转期。

严格控制库温，一般保持在-4～4℃为宜。要求鸭体不冻，只有一层很薄的冰衣为最适当。在这个温度下，可以防止各种微生物的侵蚀，抑制各种细菌的活动与繁殖，避免交叉污染，以达到在规定时间内鸭坯不腐败变质的目的。

贮存保管的设备及工具：冷库一座、冷库内的挂鸭坯架一套。

贮存保管的方法及注意事项：晾好的鸭坯要按顺序挂入冷库内的挂鸭坯架上，要求鸭坯不挤、不碰、不压；冷库内的温度一般控制在3～5℃为佳；要求达到保鲜的目的。

（二）挂炉烤制（传统技艺）

1. 选柴

北京烤鸭（挂炉）的燃料以枣木柴为最好，其次为苹果、桃、杏、柿、梨等果树木柴。果树木柴具有烟少火硬、耐燃烧、有清香味等特点。对有异味的松、柏、椿、桐等木柴，应禁止使用。据说果木在燃烧时能游离出芳香物质，使烤鸭有一种特殊的香味。

2. 清炉烧炉

由于挂炉特殊的构造，生火一项便成为每一个烤鸭师必须掌握的基本功，其中的讲究也不少。挂炉的火，是生在炉口处的。火的大小可由厨师用加柴或撤柴的方法予以调节，其主要利用燃烧后向整个炉膛辐射热能的原理，通过红外线直射和折射向鸭坯进行烤炙。

在一般情况下，要提前一小时将烤炉内的残灰清理干净，留足底炭，码上果木柴，点燃30 min左右，当炉温上升到200℃以上即可准备烤制。

3. 堵塞

鸭坯入炉烤制前，要把预先备好的鸭堵塞（一般用秫秸带节部位削成约8 cm长）用巧劲插入鸭子的肛门内，并使其卡住肛门口，以防止灌入的汤（开水）外流。

4. 灌汤

鸭坯入炉之前要灌汤。即由鸭身的刀口处向腔内灌入约100 g的开水（也可加入适量的花椒水、料酒），称为灌汤。目的在于烤制过程中利用内煮外烤，提高鸭子的成熟速度，补充鸭肉中水分的过度消耗，保护鸭肉的营养成分，增强烤鸭肉质鲜嫩程度。

5. 挂糖色（第二遍）

烤制前挂第二遍糖色（与烫坯挂色相同）。目的在于增强烤制过程中的鸭坯的枣红色，更加鲜艳均匀，皮层更加清香、酥脆。在烤制过程中起到加快成熟的作用。

6. 入炉

烤鸭师傅以自己的苦练绝招、优美的姿势、独特的挑杆技法，手持长长的檀木烤鸭竿，将肥大的鸭子送入一尺[①]七寸[②]宽、二尺四寸高的炉门，不消片刻，便将鸭子挂在了炉内前梁上。

在烤制进行当中，火是关键，要根据需要随时调整。一般鸭坯刚入炉时，火要烧得旺一些，随着炉内温度的升高以及鸭坯上色的情况，火力要逐渐减弱，炉温一般控制在250～300℃为好。

---

① 一尺≈33.33 cm；②一寸≈3.33 cm。下同。

7. 燎裆

燎裆是挂炉烤鸭独有的技法。因为鸭的两腿肉厚，不易熟，加上鸭裆的位置又略低于炉门口的火苗，炉内的热力是集中在炉顶，越靠炉底，热力越弱，因此鸭裆部位不易上色和成熟，需要用人工来燎烤它。其法是：将鸭挑起，在火焰上微微晃动几下，使鸭腿间着色，并且加快成熟。视哪个部位颜色浅就燎哪个部位，使鸭体一来一去地在火焰尖上晃动。这便是所谓“燎裆”。

烤好一只鸭子，转体要及时，燎裆要恰当，烤、燎、转要交叉运用，这样烤出来的鸭子色艳而匀、味美而香。

8. 出炉

出炉前，要先鉴定鸭子是否已经烤熟。鉴定的方法较多。通过鸭子重量的变化、鸭的颜色、火力的强弱来加以鉴定。初学者，通过观察鸭腹内的开水颜色来辨别生熟。如果鸭腹内开水已呈白色，并有已凝结的小血渣就是熟了；如果水还是红色（血水），就是还未熟；如果倒出的汤呈现乳白色，且油多汤少时，说明鸭子过火了。

一只1.5 ~ 2.0 kg的鸭坯在炉内烤35 ~ 40 min即可全熟。

鸭子烤好出炉后，可趁热刷上一层香油，借以达到增加皮面光亮、去掉烟灰、清洁卫生、增添香味的目的。

全聚德挂炉烤鸭技艺为国家级非物质文化遗产。

（三）焖炉烤制（传统技艺）

焖炉烤鸭是从民间传入明朝皇宫，经皇宫“御善房”改进了烤炉和烤制方法，又传到民间。

焖炉烤鸭数百年不衰，主要原因之一是由于其独特风味和烤制技法。

1. 焖炉

烤鸭所使用的是焖炉，是从地面直接用砖砌起，砌时砖的码法有讲究，是“上三、下四、中七层”，一面砖墙下有炉门，炉内可烤5 ~ 7只鸭。

2. 燃料

焖炉烤鸭使用的是秫秸、煤等燃料。

3. 烤法

焖炉烤鸭不是明火烤制，而是将秫秸、煤等燃料放入炉内，点燃后将烤炉内壁烧热到一定程度，呈灰白色，将火熄灭，然后将鸭坯放入炉中铁罩上，关上炉门，全凭炉内炭火和烧热的炉壁焖烤而成。烤制过程中间不能开炉门，不能移动鸭子，也不能转动鸭身，一次放入一次出炉，要有一定成功的把握。因此，烤炉是关键，如果炉烧的过热，鸭子就煳了，热的度数不够，鸭子夹生，所以在烧炉时，炉内壁变成灰白色，迅速将生鸭坯放入炉内，半小时后，打开炉门，手感鸭脯“暄腾”，即可出炉。

4. 特点

焖炉烤鸭是凭炉壁的热力和炭火烧烤，在烤的过程中，炉的温度先高后低，温度自然下降，火力温而不烈，因而鸭子受热均匀，油脂水分消耗少，皮和肉不脱离。烤成色泽枣红、油亮、外皮酥、内层嫩，一咬一流油，而且不腻。焖炉烤鸭曾被誉为“京中第一”。

二、北京鸭的烧制

北京鸭享誉海内外，扬名世界，主要用来制作北京烤鸭，一般都不作烧制。新中国成立前，因经济社会各种条件限制和人们的生活习惯，寻常百姓家也烧制或食用烧鸭。烧鸭也有其独特的美味和特点。

（一）烧鸭制作工艺流程

（1）准备烧制鸭子的各种调味料。

（2）选料。鸭首选白鸭，也可选冻鸭、肉鸭（稍贵），毛鸭3～3.5 kg最好。

（3）杀鸭。

①刀口。应该在下巴边下刀即可，一刀封喉。

②烫。水温90℃就可以，杀好放到热水中烫2～3 min，中间用木棒动几下，用手试拔一下鸭毛好拔即捞出，立即泼点冷水，使其冷却即可拔毛。

③第一次充气。当毛拔好后要用气泵充气使其皮肉分离。

④开肚清洗。位置以垂直线为准，开口宜小，从屁眼的1～2 cm处到

胸前软骨处最好，取出内脏（气管、肺部、鸭油不要取出），清洗干净。

⑤斩去下巴、脚掌、翅膀。

（4）填料。待水滴干后，用50 g左右（30 g/kg适量增减）填料填入肚中擦匀（喉管处一定要擦到）。

（5）缝针。填好料后用烧鸭针缝好开口处（注意不要漏气），洗净鸭身。

（6）充气。第二次充气，使其外形饱满。

（7）烫皮。水烧翻滚。先烫脖子，再烫鸭身（5～10 s即可，不宜过久，否则难上皮水），然后挂钩。

（8）上皮水。用1碗原汁皮水兑3碗冷水加少许红谷米水（调色），搅拌均匀后把鸭淋透（脖子1～3次，身体增加2～3次）颜色适合为止。再用架子挂起。

（9）吹皮。上好皮水后用大风扇把鸭皮吹干（至少3 h以上，越干越好），如果时间不够就要用焙炉焙干才行。

（10）烧。把碳烧透，炉温达到70℃左右时挂上鸭背对火苗加盖（也可以不加盖，先把鸭挂上焙干然后加盖），用中火烧40 min左右，火不宜过大。烧至皮脆、金黄色、腹部起沟、颜色一致就可以出炉。

（二）北京烤鸭与烧鸭的不同风味和特色

北京地区的人早年都习惯于称烤鸭为“烧鸭”，这大概根据《饮膳正要》一书。此后，明清相沿下来。其实“烧”与“烤”的字义并不相同，但当时都理解为烤鸭，介绍鸭子的制法时，凡讲到“烧”都是指“烤”，到了清末民初的时候才叫烤鸭。老北京人习惯将菜名前面加一个地名或地域的名称，叫“北平烧鸭”。著名文学评论家、散文家、学者梁实秋在其一篇《烧鸭》的文章里有云：北平烤鸭，名闻中外，在北平不叫烤鸭，叫烧鸭，或烧鸭子，……填鸭费工费料，后来一般餐馆几乎都卖烧鸭，叫作叉烧烤鸭，连焖炉的设备也省了，就地一堆炭火、一根铁叉就能应市。同时用的是未经填肥的普通鸭子，吹凸了鸭皮晾干一烤，也能烤得焦黄迸脆。但是除了皮就是肉，没有黄油，味道当然差得多。有人到北平吃烤鸭，归来盛道其美，我问他好在哪里，他说："有皮，有肉，没有油。"我告诉他："你还没有吃过北平烤鸭。"北京烧鸭与烤鸭虽不能相提并论，但确是祖辈传下来的鸭的一种制作食用方法。北京烤鸭与烧鸭的主要区别如下。

1. 鸭子选材不同

北方，尤其以北京为最，喜欢选择脂肪丰厚的"鸭苗"，用填灌的方式培育鸭子，这也就是"填鸭"一词的由来。约3 kg重时鸭子肉质最为鲜嫩、鸭皮毛孔细小，烤出来的皮才脆嫩。因此北方烤鸭最美味的是鸭胸上的脆皮，要最先食用。而南方的烧鸭喜欢选用生长期26 ~ 28 d大的幼鸭，因为鸭龄小，鸭胸还未完整发育，最美味的反而是脊椎两侧连接鸭腿的部位，味道最足。

2. 选用木料不同

北方烤鸭讲究用果木。北京烤鸭多用果木，最常见的是用梨木和苹果木烤，也有用枣木的。不同的木料，火苗不同，香味不同，烤出来的颜色和味觉区别很大。比如果木烤制出来有果香味，而煤气烤出来的则只有肉味。南方烧鸭在烤制过程中多用松枝和松果。且北方烤鸭一般皮肉要分离，烧鸭则不是。

3. 调料不同

北方烤鸭在烤制过程中是不加入调料的，而是在烤制完成后搭配甜面酱、葱段等食用。南方烧鸭在烧制之初就要塞入绍兴酒、海鲜酱、芝麻酱、蚝油等腌料，经川烫、淋醋水后才烘烤，烧制完成后多汁水，滋味足，可以再配柠檬搭配胡椒盐食用。

4. 食用方式不同

对北方烤鸭而言，鸭子烤好了，片鸭子也是一个技艺。先片出一碟鸭皮，再片出一碟鸭肉，最后还有一些带皮肉。搭配上一个丰富的调味盘，以及鸭汤、鸭油烧饼，算是一整套北京烤鸭。可以先喝一下鸭汤，然后吃鸭皮，鸭皮一般要蘸糖吃，吃鸭肉时，一般搭配京葱和甜面酱，京葱要脆嫩，可用薄饼包着吃。鸭架子可以单独做成椒盐鸭架，成为一道独立菜肴。南方烧鸭则不需这么繁复的食用程序，直接把鸭子切段，就可以配饭或单独食用。因为北方烤鸭的仪式感较重，也经常在国宴等隆重场合出现。相比而言，同样美味的烧鸭，就被看成自家随意享用的小菜。

5. 价格不同

相比二三十元就可以享用的烧鸭，烤鸭得百元以上就显得价格不菲。而且烧鸭可以拿回家食用，烤鸭一般适合在饭店及时食用。另外，观赏片鸭师傅处理鸭子，也是赏心悦目，是增加食欲不可缺少的一道程序。

三、北京鸭的炖制

北京鸭通常炖制食用的不多见。在满足小众化饮食需求的时候，通过炖制也可给人们送上一道药食多用的鸭、汤美味佳肴，尽可享用。根据饮食习惯和爱好，鸭有多种炖制方法，可因人因地择需采用。

铁锅炖制：鸭处理干净，剁成小块；用清水再冲洗一遍，除去鸭体内外脏污；放入两勺郫县豆瓣酱炒出红油；放入鸭块翻炒，炒干鸭肉中的水分，其间加入少许高度白酒或料酒去腥；加清水没过鸭块，加入生抽、冰糖；盖盖炖2 h（时间可根据鸭子的日龄大小适当调整）。

第二节　北京鸭全鸭宴

北京烤鸭“全鸭宴”又叫“全鸭席”，是以北京填鸭为主料烹制各类鸭菜组成的筵席。首创于中国北京全聚德烤鸭店。特点是：一席之上，除烤鸭之外，还有用鸭的舌、脑、心、肝、胗、胰、肠、脯、翅、掌等为主料烹制的不同菜肴，故名全鸭席。北京烤鸭是主菜，而用鸭身上的各个部位、脏器烹制的美肴，恰如众星拱月一般，也是丰盛华贵、别致味美，当初有“全鸭菜”之说，是全聚德首创的。

全聚德烤鸭店，原以经营挂炉烤鸭为主，后来围绕烤鸭，供应一些鸭菜的就餐方式，即成为全鸭席的雏形。随着全聚德业务的发展，厨师们将烤鸭前从鸭身上取下的鸭翅、鸭掌、鸭血、鸭杂碎等制成全鸭菜。到20

世纪50年代初，全鸭菜品种已发展到几十个。在此基础上，对鸭子类菜肴不断进行研究，改革和创新，研制出以鸭子为主要原料，加上山珍海味，精心烹制的全鸭席。全聚德将片烤鸭时流在盘子里的鸭油做成鸭油蛋羹；将烤鸭片皮后较肥的部分，片下切丝，回炉做鸭丝烹掐菜；将片鸭后剩下的骨架，加冬瓜或白菜熬成鸭骨汤。这便是深得人心的所谓“鸭四吃”。以后又添加了红烧鸭舌、烩鸭腰、烩鸭胰、烩鸭血、炒鸭肠、糟鸭片、拌鸭掌等，为之取名“全鸭菜”。全鸭菜也是不断发展的，终于形成了今天的全鸭宴。每道菜都以鸭为原材料，全鸭宴是“全都有鸭”而非“全部是鸭”，以鸭为线索，展示厨师对菜肴的把握。水煮鸭心走的是川味路线，干锅手撕鸭里的红辣椒摆出正宗湘菜的架势，萝卜丝饼是典型的淮扬小点，可夹上一点点鲜美的碎鸭丁，滚烫地进嘴，鲜香无比。全鸭宴的特点是宴席全部以北京填鸭为主料烹制各类鸭菜肴组成，共有100多种冷热鸭菜可供选择。用同一种主料烹制各种菜肴组成宴席是中国宴席的特点之一。

一、全鸭宴特色菜品

（一）清蒸炉鸭

清蒸炉鸭曾是清宫御膳房中的上乘菜品。制作此菜需用烤鸭为原料。

制法：将北京鸭烤到七八成熟，取出剁成一寸长、四分宽的块，然后将鸭块皮朝下整齐地码放在大碗里，加入高汤、精盐、绍兴酒、葱段、姜片，上屉蒸2 h。另外，取择洗干净的白菜氽熟，捞出铺在大海碗中垫底。再将蒸好的炉鸭从屉中取出滗出汤，拣出葱姜，翻扣在盘中（此时鸭皮朝上）。再将滗出的汤烧开，撇去浮油，调好味，浇在海碗中即成。

制作此菜，将白菜改用冬瓜亦可。如加入香菇再蒸，则味道更美，称为“香菇伴炉鸭”。

（二）鸭丝烹掐菜

掐菜，即掐头去尾的豆芽菜。

此菜是以烤鸭肉和掐菜为主要原料，需用旺火烹炒。关键之处在于火候要掌握的恰到好处。掐菜要先用开水急氽一下。烤鸭肉丝要切得细而均匀，根根带皮。先将锅内的葱姜油烧热，放入掐菜，烹炒数下，即投入鸭丝；再倒入事先用高汤、绍兴酒、精盐、蒜末、醋调成的汁，以旺火速炒几下，淋以花椒油，即可盛盘。

（三）鸭油蛋羹

将鸡蛋打在碗中，用筷子反复搅打，然后加入精盐、绍兴酒、熟鸭油，撒几粒海米，再注入清水，上屉蒸15 min，一碗鲜香软嫩的蛋羹便做好了。虽说简单，但要真正做得好，也有许多讲究，最重要的就是火不宜太小，亦不宜太大，欠火蛋不凝结，过火则老如蜂窝。火候要掌握得好，蛋、水和调味品的比例亦要掌握得好，这样蒸成的蛋羹才美味可口。因为使用了鸭油，故名鸭油蛋羹。如今，将清水改为高汤，使蒸出的蛋羹味道更加鲜美。可用海米、鸡茸、胡萝卜、樱桃等为原料，在蛋羹上摆出一两尾栩栩如生的小金鱼，更使此菜平添了几分风趣。

（四）炸胗肝

炸胗肝，亦名清炸胗肝。所谓清炸，即不加任何调味品腌渍，直接入油炸熟。其制法是：鸭胗、鸭肝分别切成大小均匀的块，放入开水中煮至四五成熟，捞出，先炸胗、再炸肝，然后胗和肝一起放入油锅，炸至鸭胗呈金红色、鸭肝微呈金黄色，即可同时起锅。装盘时，将炸胗肝放在盘子中央，周围衬以炸好的龙虾片，并同花椒盐一小碟同时上席，趁热食之，滋味最佳。

（五）酱鸭膀

制法：将生鸭膀在开水中氽透，捞出晾凉，择净毛、洗净，放在盆内用红曲拌匀，加入绍兴酒、精盐、酱油、白糖、鸭掌筋、葱段、姜片、大料、桂皮、高汤，上屉蒸一小时取出。待鸭膀晾凉后，剁去鸭膀两头，去骨，整齐地码放在盘内；再将蒸鸭膀的汤撇去浮油，过滤后放入锅内，上火㸆成汁，倒入盆内，晾温后浇在鸭膀上，放入冰箱冷却，改刀装盘即成。

（六）烩鸽雏

烩鸽雏就是烩鸭血，按血∶水为1∶2的比例，再稍加些细盐搅匀调配而成。这样制成的鸭血豆腐更为细嫩，烩成后，如小鸽雏一般鲜嫩美味，故名为烩鸽雏。

制法是：将凝结好的鸭血豆腐用刀划成方块，下入开水锅内煮熟；捞出后，用手掰成小块，再在开水锅内烫一下，即起锅，控干水分。坐锅于火上，将已煮熟的鸭血豆腐倒入锅内，并加入高汤绍兴酒、精盐、酱油、鸭油等烧开，然后加入水淀粉勾汁。起锅时，另放醋及香菜、胡椒粉少许，淋入芝麻油，即可。

（七）糟溜鸭三白

此菜的主料为鸭蹼、鸭肝和鸭脯肉。烹制的关键在于香糟酒的运用。香糟产于绍兴、杭州一带，是用小麦和糯米发酵而成的一种特殊的调料，含酒精百分之二十六至三十。新糟色白，香味不浓；陈糟色黄甚至微微变红，香味浓郁，所以新糟不及陈糟好。将香糟放入绍兴酒，并加入少许精盐、白糖及糖桂花，浸泡数天，滤出酒液，即为香糟酒。

烹制此菜时，需先将鸭蹼、鸭肝、鸭脯肉煮熟，鸭肝和鸭脯肉斜刀片成片；再分别入开水中汆一下捞出，洗去浮沫；后将汤锅坐于火上，倒入鸭清汤，下入香糟酒、白糖、精盐，调好口味，放入鸭蹼、鸭肝、鸭脯肉，烧开即可按层次盛入盘中。最后，用原汤加湿淀粉勾芡，淋以葱姜油，浇在菜上即告成功。

（八）烩鸭四宝

“四宝”系指这个菜的四样主料，即鸭舌、鸭掌、鸭胰、鸭脯肉。这四样东西都具有鲜嫩的特点，是鸭身上最美味的四个部分。由于量少，被人们视为珍宝一般，因此称为“四宝”。

制法是：将鸭舌、鸭掌、鸭脯肉分别煮熟，鸭胰瓣烫熟，并将煮熟的鸭掌去骨，鸭脯肉切条。把加工好的“四宝”用开水汆一下，再放入调好味的清汤中稍煨，捞出盛于汤碗。锅中清汤烧开，撒入胡椒粉，用淀粉勾芡，淋入醋和芝麻油，浇入汤碗内，即可上席。如果撒上一些葱末和香菜末，则香味更浓。

（九）火燎鸭心

火燎鸭心的做法是：将鸭心逐个剖开，铺平，在鸭心的里面剞成花刀，放入碗中，加茅台酒、酱油、精盐、芝麻油、白糖、胡椒粉搅拌均匀；锅置旺火上，注满鸭油，烧至冒烟（接近沸点），即将鸭心迅速倒入；湿鸭心一接触沸油，锅内顿时烈火熊熊，急用手勺推转两下，速取漏勺将鸭心捞出，置于铺有香菜段和葱丝的盘中。

这纯粹是一道火候菜，整个烹饪的过程不过三秒钟。当油面燃起烈火的时候，那景象真是惊心动魄！所谓火燎，便是指此而言。由于鸭心本身肉质细嫩，又经茅台酒等调料腌制后，在高温中急速烹熟，因而焦中透嫩，鲜香爽口，美味非常。

二、全鸭宴系列菜品

（一）热菜

①干烧鸭脯；②干烧四鲜；③干烧鲍鱼鸭脯；④金鱼鸭掌；⑤火燎鸭心；⑥葱爆鸭心；⑦芫爆鸭肠；⑧青椒鸭肠；⑨茶树菇爆鸭肠；⑩芝麻鸭肝；⑪香辣鸭肝；⑫软炸鸭肝；⑬溜鸭肝；⑭糟溜鸭三白；⑮芫爆鸭片；⑯香辣鸭片；⑰抓炒鸭片；⑱葱爆炉鸭肉；⑲烩鸭舌乌鱼蛋；⑳烩鸭四宝；㉑雀巢鸭宝；㉒干锅鸭头；㉓干锅鸭杂；㉔鸭丝烹掐；㉕鸭翼扒菜心；㉖鸭汤醋椒鱼；㉗鸭汤萝卜丝鱼；㉘蒜香鸭；㉙香辣鸭丁；㉚酱爆鸭丁；㉛香辣鸭胗；㉜XO酱爆鸭；㉝芫爆胗花；㉞炸鸭肉响铃；㉟香酥鸭方。

（二）凉菜

①盐水鸭肝；②芥末鸭掌；③麻辣膀丝；④水晶鸭舌；⑤红曲鸭胗；⑥酱鸭翼；⑦卤水鸭头；⑧卤水鸭翼；⑨糟香鸭片；⑩盐水鸭。

第三节　北京鸭鸭毛——羽绒

地理标志农产品——北京鸭全身是宝，除了能够制作各色美食满足人们舌尖上的美好享受外，其身上的羽毛也是满足人们工作生活需要的又一佳品。用鸭羽毛制成羽绒，用羽绒再制作成羽绒服、羽绒被等防寒保暖服装及生活用品，在寒冷的冬日也给千家万户带来了暖暖的福祉。羽绒加工工艺流程：

（一）机器加工羽毛的一般工艺流程

（1）预分。用预分机将混杂在羽绒中的杂物去掉。

（2）除灰。用除灰机将经预分过的羽毛除灰。

（3）分毛。用分毛机将除灰后的羽毛分为绒子，大、中、小毛片，大小翅梗。

（4）洗毛。用洗毛机清洗羽毛，清洗时必须加入羽绒清洗剂，以除去油脂、灰尘和去除异味。

（5）脱水。用脱水机甩干清洗过的羽毛。

（6）烘毛。用烘毛机进一步烘干经脱水的羽毛，除味、消毒。

（7）冷却。用冷却机冷却烘干的羽毛，并再次除灰。

（8）检验。对烘干后的分类产品进行品质检验。

（9）包装。用打包机将检验合格的羽绒分品种包装，进行打包贮藏备用。

（二）手工加工羽毛的工艺流程

（1）拣毛。去除杂物，抖掉灰尘，将羽毛分类。

（2）洗毛。用加洗涤剂的温水洗涤各类羽毛，去除油脂污垢，再用清水漂洗干净。洗涤时不宜过分搓拧，以防伤毛。

（3）消毒。洗净后的羽绒用消毒剂消毒。

（4）蒸煮。消毒后的羽绒用蒸锅和蒸笼蒸煮半小时。

（5）注意事项。清洗羽绒的水必须是中性软水、地下水、矿泉水，需检查符合要求后方能使用。洗涤剂用量标准为1%～2%。

（三）鸭羽绒的分类及等级

1. 鸭羽绒的分类

鸭羽毛有2种，外面一层是外羽，表层有一层油脂防止鸭子下水时里面羽毛不会被水打湿，还有保护作用。里面的叫鸭绒，主要起保温作用，它们细而密，还很轻，使冷空气很难进入，体温自然就不会流失，所以很保暖。北京鸭绒的羽绒服保暖效果非常好。白鸭绒羽绒服最有用的成分是羽绒纤维——来源于水禽动物的天然蛋白质纤维。而羽绒纤维之所以有良好的保暖性能，源于其独特的分叉形态结构带来了高度的蓬松性，从而具有强大的包含静止空气的能力。简单来说，羽绒制品包含静止空气的能力越大，制品的保暖性能越好。要说这背后的科学道理，是因为空气的热传导系数越低，导热系数越小，材料的保温率也就越高。

2. 鸭羽绒的分级

通常鸭羽绒都用来制作保暖服装和生活用品。按照鸭绒的保暖性能及特性一般可分为5级。

（1）轻量级（LIGHTWEIGHT）。适合温度：−5～5℃。适合在春季、秋季或在夏季较寒冷的夜里穿着，也适合在冬季进行慢跑或滑雪等活动时穿着。

（2）多用级（VERSATILE）。适合温度：−15～0℃。集保暖性、舒适性及多用性于一体，可应付一般的冬季气候，也适合进行大多数的冬季活动。如果遇上风暴天气，可加上一层防水的外套来抵挡风雨。

（3）基础级（FUNDAMENTAL）。适合温度：−20～−10℃。这个级别的羽绒服是“加拿大鹅”品牌中最受欢迎的款式，能够提供基础保暖，满足日常需求。

（4）持久级（ENDURING）。适合温度：−25～−15℃。你如果需要长时间在室外逗留，TEI4级别的大衣是不二之选。这个保暖级别的羽绒服可以在极寒的冬天提供持续保暖，而且款式外观亦不失时尚。

（5）极限级（EXTREME）。适合温度：-30℃左右。进行过实地测试，这个保暖级别的羽绒服的保暖效果最佳，可应对地球上的极寒之地。

（四）鸭羽绒的其他用途

北京鸭的羽绒资源主要是白鸭毛，同鹅毛一样，用途广泛，具有很高的经济价值，也有待今后充分地深度开发和利用。鸭羽绒除了用作服装、被子、枕头、垫褥、靠垫、睡袋等的填充料外，还有以下几种用途。

1. 用作衣帽装饰品

鸭毛插在帽子上或用美丽的羽毛花佩戴在胸前，可以用来制作女性的装饰品，显示高贵和美丽。

2. 用于制作工艺美术品

具有天然颜色的羽毛，可制作羽毛花、羽毛画以及其他各种装饰品。白色的羽毛可进行人工染色，制作出各种色彩绚丽的手工艺品。每逢圣诞节，用羽毛加工染色制成树花，装饰在圣诞树上，增加节日气氛。用羽毛剪接拼配制成山、水、花卉、鸟兽等图案，色彩美丽鲜艳，形态逼真，栩栩如生。我国艺人巧夺天工，用彩色羽毛拼配成各种华丽的羽毛屏风，极富有观赏价值。

3. 用于制作文化体育用品

鸭正羽、主翼羽、副主翼羽，可加工制作羽毛扇、羽毛球、板球等用品。鸭毛可以用来制作羽毛笔、箭羽、毽子和渔具。

4. 用于制作日用品

制作羽毛扇等。

5. 用于医药原料

羽毛梗经高温蒸煮后，加入化学药品，羽毛中的角蛋白质经化学处理制成高黏度的蛋白溶液，可加工成多种化工产品。如制成各种蛋白胨，是生产抗生素不可缺少的原料。羽毛梗经过化学处理，还可以制成防冻防裂等多效美容滋肤霜。

6. 用作饲料添加剂

羽毛梗经高温处理干燥粉碎后，制成羽毛粉，作为高蛋白饲料添加剂，极富营养价值，能促进饲养类动物的生长。经加工处理后，可做成畜禽的蛋白质饲料。

7. 用于制作肥料

羽毛梗可制作农业有机肥料，尤其施于柑橘、甘蔗田肥效颇高，长出的柑橘、甘蔗甜味甚浓。羽毛下脚料也是一种极好的肥料，经过发酵后施入农田，能促进作物生长。

鸭羽绒多方面的经济价值是在长期的生产实践中逐步发现的，随着科学技术的进步，鸭羽绒的开发利用将会有更加广阔的前景。

第五章 北京鸭与北京烤鸭

第一节　北京鸭与北京烤鸭

北京烤鸭是具有世界盛誉的北京著名菜式，早期是宫廷食品。用料为优质肉食鸭北京鸭，果木炭火烤制，色泽红润，肉质肥而不腻，外脆里嫩。它以色泽红艳、肉质细嫩、味道醇厚、肥而不腻的特色，被誉为“天下美味”。

一、北京烤鸭的由来

作为中国传统菜，北京烤鸭外焦里嫩、肥而不腻，被公认为国际名菜。烤鸭最早创始于南京。公元1368年，朱元璋称帝，建都南京。宫廷厨将此鸭烹制菜肴，采用炭火烘烤，使鸭子酥香味美、肥而不腻，被皇府取名为“烤鸭”。朱元璋死后，他的第四子燕王朱棣夺取了帝位，并迁都北京，这样，烤鸭技术也随着带到北京。北京烤鸭始于便宜坊。据清代《都门琐记》所述，当时北京城宴会“席中必以全鸭为主菜，著名为便宜坊”。最初，在宣武门外米市胡同。清末京城有七八家烤鸭店，都以便宜坊为名。最初的烤鸭来自南方的江苏、浙江一带，那时称烧鸭或炙鸭，从业人员也是江南人。后来烤鸭传到北京后，才臻于完善。

二、北京烤鸭的历史

早在南北朝的《食珍录》中已记有“炙鸭”。元朝天历年间的御医忽思慧所著《饮膳正要》中有“烧鸭子”的记载，烧鸭子就是“叉烧鸭”，是最早的一种烤鸭。而“北京烤鸭”则始于明朝。朱元璋建都于南京后，明宫御厨便取用南京肥厚多肉的湖鸭制作菜肴，为了增加鸭菜的风味，采用炭火烘烤，使鸭子吃口酥香，肥而不腻，受到人们称赞，即被皇宫取名为“烤鸭”。公元15世纪初，明代迁都于北京，烤鸭技术也带到北京，并被进一步发展。明万历年间的太监刘若遇在其撰的《胆宫史·饮食好尚》中曾写道：“……本地则烧鹅、鸡、鸭。”那时的烤鸭已成为北京风味名菜。在菜品上也由初期“烤鸭”等数菜，发展到利用鸭身的各个部位制作多种凉热菜，与烤鸭一起上席，这就是“全鸭席”。“京师美馔，莫过于鸭，而炙者成佳。”这就是前人给“北京烤鸭”的美好评价，而外国朋友则称它为“世界第一美味”。凡来北京旅游的国内外宾客，都以一尝“北京烤鸭”为快事。甚至在北京流传这样一句话：“不到长城非好汉，不吃烤鸭真遗憾。”1986年，原捷克斯洛伐克首都布拉格举行的“第五届国际烹饪专业技艺表演大赛”中，“北京烤鸭”荣获金牌。

三、北京烤鸭的故事

相传，烤鸭之美，系源于名贵品种的北京鸭，它是当今世界最优质的一种肉食鸭。关于烤鸭的形成，早在公元400多年的南北朝《食珍录》中即有“炙鸭”字样出现，南宋时，“炙鸭”已为临安（杭州）“市食”中的名品。其时烤鸭不但已成为民间美味，同时也是达官贵族家中的珍馐。据《元史》记载，元破临安后，元将伯颜曾将临安城里的百工技艺徙至大都（现北京），由此，烤鸭技术就这样传到北京，烤鸭并成为元宫御膳奇珍之一。继而，随着朝代的更替，烤鸭亦成为明、清宫廷的美味。明代时，烤鸭还是宫中元宵节必备的佳肴；据说清代乾隆皇帝以及慈禧太后，都特别爱吃烤鸭。从此，便正式命为“北京烤鸭”。后来，随着社会的发展，北京烤鸭逐步由皇宫传到民间。

另一说法是“北京烤鸭”在明朝时成为北京官府人家中的席上珍品。朱元璋建都南京后，明宫御厨便取用南京肥厚多肉的湖鸭制作菜肴。为了增加鸭菜的风味，厨师采用炭火烘烤，成菜后鸭子吃口酥香，肥而不腻，受到人们称赞，即被宫廷取名为“烤鸭”。以后明朝迁都北京，烤鸭技术也带到北京，并被进一步发展。由于制作时取用玉泉山所产的填鸭，皮薄肉嫩，口味更佳。烤鸭很快就成为北京风味名菜。据《竹叶亭杂记》记载：“亲戚寿日，必以烧鸭相馈遗。”烧就是烤，可见烤鸭还成了当时勋戚贵族间往来的必送礼品。又有《忆京都词》这样写道：忆京都，填鸭冠寰中。焖烤登盘肥而美，加之炮烙制尤工。

新中国成立后，北京烤鸭的声誉与日俱增，更加闻名世界。据说周总理生前十分欣赏和关注这一名菜，他曾29次到北京“全聚德”烤鸭店视察工作，宴请外宾，品尝烤鸭。为了适应社会发展需要，而今全聚德烤鸭店，烤制操作已愈加现代化，风味更加珍美。

四、北京烤鸭的特点

（1）美味可口。北京烤鸭用料为优质肉食鸭北京鸭，果木炭火烤制，色泽红润，肉质肥而不腻，外脆里嫩。

（2）营养健康。北京烤鸭的烹饪技术在“鼎中之变”的过程中，提高了食物的健康功能。游离氨基酸测定结果表明，影响烤鸭腥味的一些氨基酸成分显著下降，而增加香味、鲜味的氨基酸成分明显升高。

（3）吃法讲究。烤鸭烤制成后，要在鸭脯凹塌前及时片下皮肉装盘供食。此时的鸭肉吃在嘴里酥香味美。片鸭的方法也有讲究，一是趁热先片下鸭皮吃，酥脆香美；然后再片鸭肉吃。二是片片有皮带肉，薄而不碎。一只2 kg重的鸭子，能片出100余片鸭肉片，而且大小均匀如丁香叶，口感则酥香鲜嫩，独具风味。

（4）烤制方法特别。北京烤鸭的烤制方法是挂炉烤鸭，是依靠热力的反射作用，即火苗发出热力由炉门上壁射到炉顶，将顶壁烤热后，再反射到鸭身的结果，不完全领带火苗的直接燎烤。炉温要稳定在

230～250℃，避免过高或过低。过高，会使鸭皮收缩，两肩发黑；过低，会使鸭胸脯出皱褶。烤制时间要根据季节不同和鸭的大小、数量多少而定，不能过长或过短。鸭裆不易上色，须用人工来挑燎，方法是：将鸭挑起，在火焰上微微晃动几下，把鸭裆燎上色，哪里缺色就燎哪里，不能影响其他部位，特别是胸脯肉。

五、北京鸭与北京烤鸭

初生雏鸭的绒毛为金黄色，随年龄增长羽色变浅并换羽，一般28 d时羽毛换为白色。体型较大、丰满，体躯呈长方形。前部昂起时与地面约呈35°，背宽平，胸部发育良好，两翅紧缩在背部，头部卵圆形。颈较粗，长度适中。眼明亮，虹彩呈蓝灰色。皮肤为白色，喙为橙黄色，喙豆为肉粉色，胫和脚蹼为橙黄色或橘红色。正像乾隆年间的才子袁枚所说："谷味之鸭，其膘肥而白色。"经过北京地区劳动人民的长期精心喂养，不断发展优种，淘汰劣种，并在我国南北朝时即有记载的养鸭"填嗉"法的影响下，独创了人工"填鸭"法，终于培育出了毛色洁白、雍容丰满、肉质肥嫩、体大皮薄的新品种——北京鸭（亦称北京填鸭）。用北京填鸭烤出的鸭子，其鲜美程度远远超过以往的各种烤鸭，被称为"北京烤鸭"。

明朝养鸭的目的，常常是为了取鸭油做点心，因为用鸭油做的点心别具风味，是其他油脂难以比拟的。而北京鸭鸭体肥胖，脂肪丰厚，因此又曾被称作"油鸭"。用填肥的北京鸭为原料烤制出的鸭子，皮层酥脆，肉质肥嫩，颜色鲜艳，味道香美，油多不腻，百尝不厌，成为京师第一名特产。至清朝，北京烤鸭已成为市食中常见的佳肴，亲戚朋友之间也常以烤鸭为厚礼相互馈赠。

第二节　北京烤鸭的美食

"北京烤鸭"吃法多样，最适合卷在荷叶饼里或夹在空心芝麻烧饼里吃，并根据个人的爱好加上适当的佐料，如葱段、甜面酱、蒜泥等。喜食甜味的，可加白糖吃。还可根据季节的不同，配以黄瓜条和青萝卜条吃，以清口解腻。片过鸭肉的鸭骨架加白菜或冬瓜熬汤，别具风味。烤后的凉鸭，连骨剁成鸭块，再浇全味汁，亦可作凉菜上席。

一、流派分类

新中国成立后，北京烤鸭的声誉与日俱增，更加闻名世界。为了适应社会发展需要，而今鸭店的烤制操作已逾加现代化，风味更加珍美。

烤鸭家族中最辉煌的要算是全聚德了，是它确立了烤鸭家族的北京形象大使地位。“全聚德”的创始人杨全仁早先是个经营生鸡生鸭生意的小商，积累资本后开创了全聚德烤鸭店，聘请了曾在清宫御膳房当差的一位烤鸭师傅，用宫廷的“挂炉烤鸭”技术精制烤鸭，使得“挂炉烤鸭”在民间繁衍开来。全聚德采取的是挂炉烤法，不给鸭子开膛。只在鸭子身上开个小洞，把内脏拿出来，然后往鸭肚子里面灌开水，再把小洞系上后挂在火上烤。这种方法既不让鸭子因被烤而失水又可以让鸭子的皮胀开不被烤软，烤出的鸭子皮很薄很脆，成了烤鸭最好吃的部分。挂炉有炉孔无炉门，以枣木、梨木等果木为燃料，用明火。果木烧制时，无烟、底火旺，燃烧时间长。烤出的鸭子外观饱满，颜色呈枣红色，皮层酥脆，外形圆润、饱满，外焦里嫩，并带有一股果木的清香，细品起来，滋味更加美妙。严格地说，只有这种烤法烤出的鸭子才叫“北京烤鸭”。

比起挂炉烤鸭，以便宜坊为代表的焖炉烤鸭似乎在人们的印象中就不那么深刻了，好在有着近600年历史的老字号便宜坊，已经以焖炉烤鸭技艺申请了“国家非物质文化遗产保护”。所谓“焖炉”，其实是一种地炉，炉身用砖砌成，大小约一米见方。其制作方法最早是从南方传入北京的，特点是“鸭子不见明火”，是由炉内炭火和烧热的炉壁焖烤而成。因需用暗火，所以要求具有很高的技术，掌炉人必须掌好炉内的温度，温度过高，鸭子会被烤煳，反之则不熟。焖炉烤鸭外皮油亮酥脆，肉质洁白、细嫩，口味鲜美。焖炉烤鸭是便宜坊的招牌，只是烧秫秸的焖炉早已改成了电焖炉。如今，使用焖炉的烤鸭店很少，大部分的烤鸭店采用的是全聚德挂炉的烤制方法。焖炉烤鸭口感更嫩一些，鸭皮的汁也明显更丰盈饱满些。而挂炉烤鸭带有的果木清香，似乎更能让人体会到人类最早掌握的“烤”的烹饪方法的智慧。

二、烤鸭正宗做法

鸭烤好出炉后，先拨掉“堵塞”，放出腹内的开水，再行片鸭。其顺序是：先割下鸭头，使鸭脯朝上，从鸭脯前胸突出的前端向颈部斜片一刀，再以右胸侧片三四刀，左胸侧片三四刀，切开锁骨向前掀起。片完翅膀肉后，将翅膀骨拉起来，向里别在鸭颈上。片完鸭腿肉后，将腿骨拉起来，别在膀下腑窝中，片到鸭臀部为止。右边片完后，再按以上顺序片左边。1只2 kg的烤鸭可片出约90片肉。最后将鸭嘴剁掉，从头中间竖发一刀，把鸭头分成两半，再将鸭尾尖片下，并将附在鸭胸骨上的左右两条里脊撕下，一起放入盘中上席。

片鸭方法有两种。一种是皮肉不分，片片带皮，可以片成片，也可片成条；另一种是皮肉分开片，先片皮后片肉。通常都采用第一种方法，左手扶着鸭腿骨尖或鸭颈，右手持刀拇指可以活动地压在刀刃的侧面上，刀片进肉后，拇指按住肉片及刀面，把肉片掀下。

吃北京烤鸭，鸭饼是必不可少的。饼薄如纸，绵软洁白，嚼之富有弹性。吃时卷上葱、酱，别具风味。烤鸭饼即春饼，是北京民俗食品，一种烙得很薄的面饼，又称薄饼。

每年立春日，春回大地，大葱已出嫩芽称羊角葱，鲜嫩香浓。吃春饼抹甜面酱、卷羊角葱，但北京人吃春饼更讲究炒菜，把韭黄、粉丝、菠菜切丝炒一下，拌和在一起，称为和菜，卷春饼吃。另外还有春饼夹酱肘丝、鸡丝、肚丝等熟肉的吃法，而且讲究包起来从头吃到尾，叫“有头有尾”，名曰“咬春”。农历二月初二，是中国古谚所说“龙抬头”的日子，这一天北京人要吃春饼，名曰“吃龙鳞”。昔日，吃春饼时讲究到盒子铺去叫“苏盘”（又称盒子菜）。盒子铺就是酱肉铺，盒子里分格码放熏大肚、松仁小肚、炉肉、清酱肉、熏肘子、酱肘子、酱口条、熏鸡、酱鸭等，吃时需改刀切成细丝，另配几种家常炒菜，通常为肉丝炒韭芽、肉丝炒菠菜、醋烹绿豆芽、素炒粉丝、摊鸡蛋等，若有刚上市的“野鸡脖韭菜”炒瘦肉丝，再配以摊鸡蛋，一起卷进春饼里吃，更是鲜香爽口。

制作方法。烤鸭饼是用温水和面揉成软面团，放置案板上擀薄，然后用饼铛烙熟，卷上片好的烤鸭和辅料。第一种做法——懒人的做法：将面粉加少许盐和菜油，和得很稀，平底锅烧热后，用纱布蘸上面稀，往热锅上一抹就是一张饼。第二种做法——高手的做法：普通面粉和得比较稀，加盐和菜油少许，使劲朝一个方向打，彻底均匀了后，醒上1～2 h。平底锅烧热，盛一勺稀面糊，先在锅的外围摊上一圈，一圈圈由外朝里摊。第三种做法——烫面法：精面粉先用沸水烫至六成熟，再用凉水揉匀。将揉好的面擀成2 mm厚的饼，将一半饼逐个刷上油，另一半面饼与刷好油的面饼摞在一起，擀成薄饼，用中火烙，熟后分离为两张即成。

北京烤鸭的常见吃法。

北京烤鸭第一种吃法：据说是由大宅门里兴起的。既不吃葱，也不吃蒜，却喜欢将那又酥又脆的鸭皮蘸了细细的白糖来吃。此后，全聚德的跑堂一见到大宅门的客人来了，便必然随着烤鸭上一小碟白糖。

北京烤鸭第二种吃法：甜面酱加葱条，可配黄瓜条、萝卜条，用筷子挑一点甜面酱，抹在荷叶饼上，放几片烤鸭盖在上面，再放上几根葱条、黄瓜条或萝卜条，将荷叶饼卷起，真是美味无比。

北京烤鸭第三种吃法：蒜泥加甜面酱，也可配萝卜条等，用荷叶饼卷食鸭肉也是早年受欢迎的一种佐料。蒜泥可以解油腻，将片好的烤鸭蘸着蒜泥、甜面酱吃，在鲜香中更增添了一丝辣意，风味更为独特。不少顾客特别偏爱这种佐料。

第三节　便宜坊烤鸭

一、焖炉技术主打营养牌

便宜坊烤鸭店是北京著名的“中华老字号”饭庄，创业于明朝永乐十四年（1416年），已有600多的历史。2001年通过了ISO9001国际质量体系认证，现为国家特级酒家。

“便宜坊”字号蕴含了“便利人民，宜室宜家”的经营理念，形成了以焖炉烤鸭为龙头、鲁菜为基础的菜品特色。烤鸭外酥里嫩，口味鲜美，享有盛誉。因焖炉烤鸭在烤制过程中不见明火，所以被现代人称为“绿色烤鸭”。

北京便宜坊烤鸭集团有限公司是国有控股餐饮集团。旗下拥有众多老字号餐饮品牌：建于明永乐十四年（1416年），以焖炉烤鸭技艺独树一帜的“便宜坊烤鸭店”；建于清乾隆三年（1738年），乾隆皇帝亲赐蝠头匾的“都一处烧麦馆”；建于清乾隆五十年（1785年），光绪皇帝御驾光临的“壹条龙饭庄”；建于清道光二十三年（1843年），北京八大楼之一的“正阳楼饭庄”；建于民国十一年（1922年），经营佛家净素菜肴的“功德林素菜饭庄”；建于民国十五年（1926年），以经营北京小吃著称的“锦芳小吃店”等众多老字号餐饮品牌。便宜坊秉承“便利人民，宜室宜家”的经营理念，坚持走老字号餐饮品牌的传承与创新发展之路，为促进餐饮市场繁荣、满足百姓就餐需求，努力创造积极的贡献。

二、便宜坊的来历

据《企业家》杂志报道：口口相传，进士赐名。明朝永乐十四年（1416年），在北京菜市口的米市胡同29号，一位姓王的南方人创办了一个小作坊。他们买来活鸡活鸭，宰杀洗净，然后给饭馆、饭庄或有钱人家送去，同时也做一些焖炉烤鸭和童子鸡等食品出售。他们的生鸡鸭收拾得非常干净，烤鸭、童子鸡做得香酥可口，售价还便宜，所以很受顾客欢迎。天长日久，那些老主顾们就称这个小作坊为“便宜坊”。“便宜坊”三个字是在明嘉靖三十年杨继盛（明朝嘉靖年间进士，曾任兵部武选员外郎）所题。他当时经过一个胡同，发现有个小店经营焖炉烤鸭，便到小店点了烤鸭和酒菜。杨继盛本来心里挺烦闷，吃了烤鸭喝了点酒后心情很愉悦，问小店叫什么名字，下回再来。老板是个山东人，说：“我们刚到北京还没有起名，刚开业两天，您好像是当官的又有学问，干脆您给起一个名。”杨继盛说此店方便于人，物所超值，给题了“便宜坊”三个字。直到民国初年，“便宜坊”才有了自己的店堂。

第四节　全聚德烤鸭

一、传统老字号以工艺制胜

中华著名老字号——“全聚德”，创建于清朝同治三年（1864年），历经几代全聚德人的创业拼搏获得了长足发展。1999年1月，“全聚德”被国家工商总局认定为“驰名商标”，是我国第一例服务类中国驰名商标。1993年5月，中国北京全聚德集团成立。1994年6月，由全聚德集团等6家企业发起设立了北京全聚德烤鸭股份有限公司。全聚德股份公司成立以来，秉承周恩来总理对全聚德“全而无缺，聚而不散，仁德至上”的精辟诠释，发扬“想事干事干成事，创业创新创一流”的企业精神，扎扎实实地开展了体制、机制、营销、管理、科技、企业文化、精神文明建设七大创新活动，确立了充分发挥全聚德的品牌优势，走规模化、现代化和连锁化经营道路的发展战略。中国全聚德（集团）股份有限公司是“烤鸭技艺（全聚德挂炉烤鸭技艺）”的保护单位。

“不到万里长城非好汉，不吃全聚德烤鸭真遗憾！”在百余年里，全聚德菜品经过不断创新发展，形成了以独具特色的全聚德烤鸭为龙头，集“全鸭席”和400多道特色菜品于一体的全聚德菜系，备受各国元首、政府官员、社会各界人士及国内外游客喜爱，被誉为“中华第一吃”。周恩来总理曾多次把全聚德“全鸭席”选为国宴。

全聚德集团以独具特色的饮食文化塑造品牌形象，积极开拓海内外市场，加快连锁经营的拓展步伐。现已形成拥有70余家全聚德品牌成员企业，上万名员工，年销售烤鸭500余万只，接待宾客500多万人次，品牌价值近110亿元的餐饮集团。

二、全聚德的故事

杨全仁（字全仁，本名寿山），河北冀县杨家寨人，初到北京时在前门外肉市街做生鸡鸭买卖。杨全仁对贩鸭之道揣摩得精细明白，生意越做越红火。他平日省吃俭用，积攒的钱如滚雪球一般越滚越多。杨全仁每天到肉市上摆摊售卖鸡鸭，都要经过一间名叫“德聚全”的干果铺。这间铺子招牌虽然醒目，但生意却江河日下。到了同治三年（1864年）生意一蹶不振，濒临倒闭。精明的杨全仁抓住这个机会，拿出他多年的积蓄，买下了“德聚全”的店铺。

有了自己的铺子，该起个什么字号呢？杨全仁便请来一位风水先生商议。这位风水先生围着店铺转了两圈，突然站定，捻着胡子说：“啊呀，这真是一块风水宝地啊！您看这店铺两边的两条小胡同，就像两根轿杆儿，将来盖起一座楼房，便如同一顶八抬大轿，前程不可限量！”风水先生眼珠一转，又说：“不过，以前这间店铺甚为倒运，晦气难除。除非将其‘德聚全’的旧字号倒过来，即称‘全聚德’，方可冲其霉运，踏上坦途。”

风水先生一席话，说得杨全仁眉开眼笑。“全聚德”这个名称正和他的心意，一来他的名字中占有一个“全”字，二来“聚德”就是聚拢德行，可以标榜自己做买卖讲德行。于是他将店的名号定为“全聚德”。接着他又请来一位对书法颇有造诣的秀才——钱子龙，书写了“全聚德”三个大字，制成金字匾额挂在门楣之上。那字写得苍劲有力，浑厚醒目，为小店增色不少。

在杨全仁的精心经营下，全聚德的生意蒸蒸日上。杨全仁精明能干，他深知要想生意兴隆，就得靠好厨师、好堂头、好掌柜。他时常到各类烤鸭铺子里去转悠，探查烤鸭的秘密，寻访烤鸭的高手。当他得知专为宫廷做御膳挂炉烤鸭的金华馆内有一位姓孙的老师傅，烤鸭技术十分高超，就千方百计与其交朋友，经常一起饮酒下棋，相互间的关系越来越密切。孙老师傅终于被杨全仁说动，在重金礼聘下来到了全聚德。

全聚德聘请了孙老师傅，等于掌握了清宫挂炉烤鸭的全部技术。孙老师傅把原来的烤炉改为炉身高大、炉膛深广、一炉可烤十几只鸭的挂炉，还可以一面烤、一面向里面续鸭。经他烤出的鸭子外形美观，丰盈饱满，颜色鲜艳，色呈枣红，皮脆肉嫩，鲜美酥香，肥而不腻，瘦而不柴，为全聚德烤鸭赢得了“京师美馔，莫妙于鸭”的美誉。

第五节　新兴烤鸭的品牌和字号

大董烤鸭

北京大董烤鸭店（原北京烤鸭店）成立于1985年4月28日。2001年由国营改制，总经理董振祥被朋友们昵称为大董，由此得名。向来以高端定位的大董烤鸭店也是外宾品尝烤鸭的主要去处之一。北京大董烤鸭店营销大打文化牌，大书文化文章，坚持走着自己的高端路线。落座大董烤鸭店，环视四周，明清皇宫的窗棂演变而来的墙壁，做工经典考究，铜钉镶嵌其中典雅大方。烟色的台裙配上明黄的桌布将中国传统文化中的布艺巧夺天工地演绎出来，又不落俗套，尤其是餐椅上明亮黄色的中国结，成为餐厅中的点睛之笔。餐厅窗外，竹叶青青，竹枝挺拔，悠然之中，仿佛成为置身于青山绿水之中的竹林雅士，在如此优雅的环境中用餐已不是一个“菜香味美”所能表达的意境。舒适典雅的用餐环境，传统文化的精粹要素与现代的美术巧妙结合构成了大董烤鸭店时尚的人文佳境。

第六章 北京鸭的影响

第一节　产业贡献

2019年，我国肉鸭出栏量达到44.3亿只，出栏量超过世界的80%，产值超过1 400亿元，产肉量超过1 050万t，约等于牛肉和羊肉产量，仅次于猪肉和鸡肉，而种业有力地支持了我国肉鸭产业的快速发展。以北京鸭为原料的北京烤鸭市场需求量巨大，2019年全国烤鸭消费量约2亿只。

由于传统消费习惯影响和鸭鹅不便于集约化饲养，生产成本较高等多种因素，欧美等国家饲养量很少。水禽饲养是中国养禽业的特色，以北京鸭为素材的各类肉鸭为养殖产业、肉类产业和餐饮产业做出了巨大贡献。随着我国城乡居民收入进一步发展，城乡居民生活水平的逐步提高，鸭产品的消费市场进一步扩大，鸭产业也得到蓬勃发展。

产业化是北京鸭业发展的必然趋势，是实现北京鸭可持续发展的保证，北京鸭产业化实施中应采用大型种鸭营销企业和以肉鸭生产加工企业为龙头的模式。北京鸭产业化发展要建立现代营销体系，发挥北京鸭特色，实施名牌战略，进一步开拓国际、国内市场，才能在不断激烈的市场竞争中求得发展。

北京鸭对产业发展的贡献主要体现在具有原产地种质资源的优势、畜牧养殖带动乡村振兴、肉类精深加工提高产业质量、区域品牌促进服务消费4个方面。

一、具有原产地种质资源的优势

北京鸭是世界著名肉用鸭品种，是北京市唯一驰名世界的畜禽良种。具有体质健壮、生长发育快、繁殖率高、肉质好、适应性强的特点，对世界养鸭业发展有很大影响，至今为各国肉鸭生产的主要原种。经过几代科研工作者的不懈努力，北京鸭的生产性能有了显著提高，遗传性能基本稳定，有些指标如繁殖性能已处于世界前列水平。

（一）北京鸭种质资源战略意义

北京鸭是世界知名的肉鸭品种，属于肉鸭的“鼻祖”，在我国和世界范围内分布很广，现存的很多肉鸭品种都是以北京鸭杂交改良而成，如英国樱桃谷鸭和美国枫叶鸭等。习总书记多次指出“要下决心把民族种业搞上去，抓紧培育具有自主知识产权的优良品种”，作为民族种业的重要组成部分，北京鸭战略意义和国际影响力巨大。

（二）北京鸭选育进展

北京鸭开展育种选育的场有两个，一个是北京南口北京鸭育种中心，另一个是中国农业科学院北京畜牧兽医研究所。

北京南口鸭育种中心，存栏基础母鸭1.2万只，包括8个品系，约400个家系。中国农业科学院北京畜牧兽医研究所北京鸭育种场是国家级原种场，存栏北京鸭约6 000只，分为Z1、Z2、Z3、Z4、Z5、Z6、Z7、Z8、W共9个品系。已育成瘦肉型、高饲料转化率的Z型北京鸭［农（10）新品种证第4号］和肉脂型、适合烤鸭的南口1号北京鸭［农（10）新品种证第3号］2个北京鸭配套系，其中“北京鸭新品种培育与养殖技术研究应用”获得国家科学技术进步奖二等奖，与原始北京鸭品种9周龄体重2 750 g、料重比（3.5～3.8）∶1比较，新培育的北京鸭配套系饲养期缩短到6周，Z型北京鸭体重增加到3 216 g，增加466 g；料重比降低到2.26∶1，降低35.4%～40.5%。南口1号北京鸭体重增加到3 586 g，增加836 g；料重比降低到2.48∶1，降低29.1%～34.7%。

（三）北京鸭选育效果

北京鸭自20世纪60年代开始育种工作，目前主要采用表型测定为主的常规育种方法，经过几代科技人员和推广工作者的积极努力，北京鸭的生产性能有了显著提高，且遗传性能基本稳定，部分指标（如料肉比、日增重）值已处于世界前列。目前，我国北京鸭的出栏日龄从早期的70 d缩短到40 d，料重比由3.5：1下降到1.9：1，已基本解决了北京鸭生产效率问题，自主培育的北京鸭配套系基本占据我国高端烤鸭市场。

近年来，以中国农业科学院北京畜牧兽医研究所为代表的在京科研和技术推广部门联合相关企业开展了北京鸭种质资源开发利用，培育了4个新配套系，打破了国外垄断。并与北京金星鸭业、新希望六和等企业建立了新品种的高效转化推广体系，2019年累计推广北京鸭超过12亿只，约占全国肉鸭市场的36.6%。

二、畜牧养殖带动乡村振兴

在历史上，北京鸭养殖主要集中在房山、顺义、大兴、通州、平谷等地，形成环京西南、东南的养殖产业带，实现了对北京鸭孵化—养殖—屠宰—仓储运输全过程质量安全控制与追溯，确保了北京鸭产品的质量安全。

（一）北京鸭养殖分工协作带动农户增收

大多养殖采用“公司+自有基地+合作养殖基地”的模式，前期中鸭养殖在合作养殖基地，按照“五统一”（统一供雏、饲料、防疫、服务、收购）的管理方式，在达到一定日龄及体重后再交由自有养殖基地进行专业化育肥，填饲全部采用自主研发的填鸭机精准填饲，实施信息化管理，确保每只出栏填鸭品质。

通过合作模式的建立与推广，实现了北京鸭产业的专业化分工，既解决了龙头企业养殖问题，又带动农户增收致富，北京鸭养殖曾经作为京郊农民的黄金产业、致富产业，在实现脱贫、脱低和乡村振兴中起着重要作用。

（二）北京鸭养殖标准化助力产业升级

肉鸭发展产业化和进入国际市场，首先面临的是缺少与国际标准接轨的质量标准、环境保障标准和检验检测标准。做好生产基地标准化建设，对于北京鸭产业化发展有着重要的基础作用。在生产基地全面推广标准化生产，搞好标准化生产基地的建设，对于北京鸭商品化发展有着重要的基础作用。

北京鸭标准化养殖是以标准化的方式对生产基地的生产全过程进行规范，包括养殖品种、生产规模、生产工艺、养殖技术、饲料兽药使用、疫病防治、生态环境以及产品质量等各个方面。通过对基地实施规范化管理，使基地的生产符合无公害养殖的要求，养殖产品达到相关的企业标准。加大肉鸭产品安全监控，对肉鸭养殖、屠宰加工、运输销售诸环节实行全程监控，形成一条从生产基地到消费者链式质量跟踪管理模式，建立健全生产标准体系和安全监测体系，使生产、加工的全过程都有操作性很强的技术依据，实现生产的规范化、法制化和标准化。

（三）特殊生产工艺增添产业特色

北京鸭最大的特点是采取填喂进食法，被称为北京填鸭，通过人工“填鸭”法，可以使鸭群迅速积聚脂肪，特别是肌间脂肪，以改善屠体品质，生产出肉质肥嫩、体大皮薄的北京鸭。而北京鸭特有的填饲工艺也使其产品与普通肉鸭产品相比具有较高的市场价值。

填鸭技术在民间推广，北京著名的“便宜坊”“全聚德”等都以此鸭招徕客人，当中虽以烧烤制作，但推介填鸭却是他们的卖点，所以“北京烤鸭”与“北京填鸭”有时是画上等号的。历史上喂鸭全靠手工把玉米面、黑豆面、土面等混在一起搓成粒状的“剂子”，逐只填饲。后来普遍用上了电动填鸭器，生产效率大为提高，并且由于饲料配比和饲养工艺的改进，鸭的育成期也大大缩短。从此，北京烤鸭遂成为人们餐桌上的常见佳肴，更被亲戚朋友作为馈赠厚礼。

三、肉类精深加工提高产业质量

鸭肉是我国居民十分重要的食品原料和动物性蛋白质来源，在我国华东、华南、西南等地区的农村，肉鸭养殖量、消费量巨大，是维持农民正常生活的经济基础，是农村支柱产业之一。据统计，2018年我国鸭肉产量680万t，产值超过1 000亿元，鸭肉类产量约占我国禽肉的1/3，超过牛肉或羊肉产量。北京烤鸭是世界著名美食，是中国饮食文化代表，其生产和消费主要集中在北京及周边地区。中国烤鸭市场潜力巨大，据餐饮协会推算，2018年烤鸭门店数量约为11.7万家，从业人员增长至24.7万人，国内共销售烤鸭1.3亿只，而且每年以40%～50%的速度增长，预计2019年全国烤鸭消费量将达到2亿只。

（一）北京鸭肉特点

随着国内经济的不断发展，目前肉品的供应基本满足市场消费量，随之而来的是消费者对肉品营养、风味口感和安全的高度重视。鸭肉为低脂肪、高蛋白、低胆固醇和风味独特的食品。鸭肉的优势之一在于它的营养丰富，另一优势就是风味独特。

1. 北京鸭营养丰富

（1）鸭肉是一种高蛋白质、低脂肪、低胆固醇的健康肉类。北京鸭的鸭肉是优质蛋白质的极好来源，其可食部分中的蛋白质含量约28%，其中必需氨基酸比值与人体较为接近，易被人体消化吸收。每100 g鸭肉中，胆固醇含量约0.1 g，低于鸡肉0.34 g。

美国农业部营养数据库的数据表明，与相同重量的鸡肉、猪肉和牛肉相比，北京鸭鸭腿肉的蛋白质含量高于鸡肉，和猪肉、牛腿肉蛋白质含量相当。

（2）鸭肉中富含多种维生素和矿物质。北京鸭鸭肉中含有大量的矿物质，有磷、钠、铁、钙、钾、锌、铜、锰等，尤以钾、磷的含量最多。根据美国农业部营养数据库的数据，每摄取100 g鸭肉，可获得每日营养供给量中铁建议量的27%、磷建议量的22%、硒建议量的29%～41%和维生素

B_{12}建议量的15%～20%。

（3）鸭肉中富含多种氨基酸。北京鸭鸭肉中氨基酸种类丰富。氨基酸是构成蛋白质并同生命活动有关最基本的物质，与生命活动密切相关，是生物体内不可缺少的营养成分之一。其中，谷氨酸是鸭肉中含量最丰富的一种兴奋性氨基酸，约为3.297%；天冬氨酸含量约为1.931%，对细胞有较强的亲和力，可作为K^+、Mg^{2+}的载体向心肌输送电解质，改善心肌收缩功能，降低氧耗，保护心肌的作用；赖氨酸约1.916%，有促进人体发育、增强免疫功能、提高中枢神经组织功能的作用；亮氨酸与异亮氨酸、缬氨酸一起合作修复肌肉，控制血糖，并给身体组织提供能量。

（4）鸭肉中各种脂肪酸比例理想。鸭肉中饱和脂肪酸、单不饱和脂肪酸、多不饱和脂肪酸的比例接近理想值，化学成分近似橄榄油，对人体十分有益。其饱和酸中软脂酸含量较高，硬脂酸含量很低只有5.0%，而牛羊猪油硬脂酸含量高达近30%。美国农业部鸭肉中的单不饱和脂肪酸、多不饱和脂肪、n-3脂肪酸、n-6脂肪酸含量均高于鸡肉。

2. 北京鸭风味独特

鸭肉风味的形成过程是一系列复杂的化学反应过程，主要包括：美拉德反应、脂肪的热降解、硫胺素降解、氨基酸和肽的热解、碳水化合物的降解及核苷酸的降解等。这些化学反应产生的物质之间的初次和再次复杂反应产生了对鸭肉风味起关键作用的挥发性风味物质。

美拉德反应是还原糖与氨基酸之间的化学反应，是肉品产生风味最重要的途径之一。该反应复杂，不仅能够产生大量的风味物质，同时也能赋予肉品良好的色、香品质。鸭肉风味形成中许多重要的风味化合物都是由美拉德反应产生，比如呋喃、吡嗪、吡咯等及其他杂环化合物、含硫含氮化合物等。

脂质加热氧化分解会产生大量阈值很低的挥发性化合物，包括烃类、羰基化合物、苯环化合物、酮类、醛类、醇类、羧酸和酯。其中，具有脂肪香味的醛类是脂肪降解的主要产物。鸭肉的特征性风味主要由脂质降解产生。如鸭肉中亚油酸等不饱和脂肪酸的双键在加热中生成过氧化物，继而进一步分解成酮、醛、酸等挥发性羰基化合物。

肉中的蛋白质降解生成多肽、二肽、游离氨基酸。其中氨基酸进行斯特雷克（Strecker）降解，产生羰基化合物、氨、醛、硫化氢等，这些化合物都是肉品香味的重要组成成分。

糖类加热降解会发生焦糖化反应，产成焦糖味、焙烤味等。糖加热脱水产生麦芽酚，戊糖会生成糠醛，已糖生成羟甲基糠醛。进一步加热会产生一些芳香气味的物质，如呋喃衍生物、羰基化合物、醇类、脂肪烃和芳香烃类。羰基化合物的种类和含量差异将会产生风味差异。

肉中核苷酸加热降解后会产生5′-磷酸核糖，然后经脱磷酸、脱水形成5-甲基-4-羟基-呋喃酮。羟基呋喃酮类化合物很容易与硫化氢反应，产生非常强烈的肉香气。

（二）北京鸭加工工艺

1. 初加工工艺

按肉鸭的屠宰加工过程来划分，可分为以下3个阶段：毛鸭查验、宰前管理和屠宰加工。

（1）毛鸭查验。毛鸭在进场前要进行两项证件检查，分别是《动物检疫合格证明》和《动物及动物产品运载工具消毒证明》。

检查证件合格后，接着就要对毛鸭进行感官检查。观察鸭的体表有无外伤，如果有外伤，则感染病菌的概率会成倍增加，不能接收。然后，察看鸭的眼睛是否明亮，眼角有没有过多的黏膜分泌物，如果过多，表明该鸭健康状况不好，属于不合格鸭，应该拒收。最后检查鸭的头、四肢及全身有无病变。经检验合格的毛鸭准予屠宰，并开据《准宰/待宰通知单》。接下来就可以进入屠宰阶段了。

（2）宰前管理。鸭子屠宰前的管理工作是十分重要的，因为它直接影响毛鸭屠宰后的产品质量。所谓毛鸭就是还没有进行屠宰的鸭子。

屠宰前的管理工作主要包括宰前休息、宰前禁食和宰前淋浴3个方面。毛鸭在屠宰前要充分休息，以减少鸭的应激反应，从而有利于放血。一般需要休息12～24 h，天气炎热时，可延长至36 h；屠宰前一般需要断食8 h，但断食期间要注意供给清洁、充足的饮水。这样，不仅有利于放血完全，提高鸭肉的质量，最重要的是让鸭多喝水能够冲掉胃里的食料，进而提高鸭胗的质量。把鸭装车采用专用的鸭笼。装的时候最好把鸭头朝下。同时，要注意笼内鸭的数量不能过多，以免造成毛鸭伤翅等情况；鸭子怕热，不能缺水，如果是夏天，为了提高鸭的成活率，还要给鸭淋浴。

（3）屠宰加工。从工艺流程上来分，鸭的屠宰工艺包括：吊挂、致昏、放血、烫毛、打毛、三次浸腊、拔鸭舌、拔小毛、验毛、掏膛、切爪、内外清洗、预冷等步骤。

2. 宰后加工工艺

除了做北京烤鸭的原料，随着消费者多样化需求，北京鸭也越来越多地用于加工各种美食，因此，北京鸭屠宰后的分割，主要包括胴体分割和副产品加工两大部分。

（1）北京鸭胴体分割。按照NY/T 1760—2009的规定，对鸭胴体分割主要是按照分割后的加工顺序对肉鸭胴体进行分割。

（2）副产品加工。副产品加工主要是将白条鸭依部位分割成不同类别的产品，分割过程中避免产品堆积，分割加工用具严格按规定进行清洗消毒。对于落地半成品、成品必须放入盛有（100～150）$\times 10^{-6}$氯水溶液的消毒桶中清洗消毒15 min。分割车间温度≤12℃。

3. 烤鸭加工工艺

（1）北京烤鸭的主要工艺。北京烤鸭原是宫廷御膳珍品，与挂炉烤小猪并称“宫廷双烤”，后传入民间，成为满汉全席的必备菜式，备受中外宾客的欢迎，誉满京华、驰名中外，被称为是“天下第一名吃”。据史料记载，北京烤鸭源于明朝，盛于清代，距今已有600余年的历史，是宫廷皇室御用名品，后逐渐流入民间，历经数代名厨高手改革创新，才有挂炉果木烤鸭密传至今。精致的北京烤鸭令食家久食不厌，已成为京都饮食文化的一道亮丽彩虹。无怪乎有食者云，“不到长城非好汉，不吃烤鸭真遗憾”。

北京烤鸭在制作工艺上有“挂炉”“焖炉”两种加工工艺。焖炉烤鸭以便宜坊为代表，挂炉烤鸭以全聚德为代表。这两种烤鸭技艺已经分别申请了北京“非物质文化遗产保护”。

从原料上来说，这两者没有什么差别，采用的都是北京填鸭。差别主要还是在烤制的方法上。首先，烤炉结构不同，挂炉不安炉门，焖炉安设炉门；其次，采用的燃料不同，挂炉烤鸭采用果木为燃料，而焖炉烤鸭采用秫秸秆为燃料。

（2）挂炉烤鸭的工艺流程。挂炉烤鸭的代表是始建于清朝同治三年（1864年）全聚德烤鸭店，沿用清宫御膳房流传出来的挂炉技术精制烤鸭。挂炉烤鸭使用果木为燃料，在特制的烤炉中，以明火烤制而成。全聚德烤鸭选用优质北京填鸭，烤制工序环环相扣，吃法讲究。新中国成立后，“全聚德挂炉烤鸭技艺”进一步弘扬，并以集体传承的形式又相继培养出第五代、第六代，到现在已经延续到第七代烤鸭厨师。

如今，“挂炉烤鸭技艺”已形成一整套标准、规范的“宰烫→制坯→烤制→出炉刷油→片鸭”工艺流程，每一个主环节又包含几个环节。

（3）焖炉烤鸭的工艺流程。所谓焖炉烤鸭，就是凭炉墙热力烘烤鸭子，炉内温度先高后低，烤出的鸭子外皮酥脆、内层丰满、肥而不腻，有一种特殊的香味。

由于这种方法的特点是鸭子“不见明火”，在烤的过程中，炉内的温度先高后低，温度自然下降，火力温而不烈，空气湿度大，因而鸭子受热均匀，油脂水分消耗少，皮和肉不脱离。烤好的鸭子成品呈枣红色，烤鸭表面没有杂质。外皮油亮酥脆，肉质洁白、细嫩，口味鲜美。

焖炉烤鸭的工艺流程和挂炉烤鸭大致相同：原料解冻→修整漂洗→熬制料水并冷却至常温→腌制→烫皮→挂钩→晾干→入炉烤制→出炉刷油→片鸭。

4. 其他深加工产品

鸭子全身都是宝，除了鸭坯可以用来制作享誉中外的北京烤鸭之外，北京鸭的鸭膀、鸭掌、鸭心、鸭肝、鸭胗等都可以做成各种美味的冷热菜肴，以芥末鸭掌、盐水鸭肝、火燎鸭心、烩鸭四宝、芙蓉梅花鸭舌、雀巢鸭宝等为代表的“全鸭席”已经名扬海内外。

还可以将鸭蛋、鸭油、鸭肝、鸭血和内脏用来制作美味佳肴，提高了北京鸭的综合利用率。此外，北京鸭的其他产品生产也不断的发展。鸭蛋可以加工制作成咸鸭蛋、松花蛋，鸭绒毛还可制成衣被，价值可观。

5. 北京鸭产品新市场

北京鸭产业化发展也必然遵循市场需求和定位。北京前鲁鸭场利用北京烤鸭特色产品，实现传统技术与现代工艺相结合，保留北京烤鸭传统风味特色，实行现代化生产，推行标准化包装，创立名、特、优产品；使美味、可口、色香味俱佳的中国传统风味烤鸭制品继续发扬光大，进入国际市场的思路值得借鉴。随着传统北京烤鸭市场竞争加剧，许多鸭场效益下滑。前鲁鸭场抓住时机，调整生产目标，改变低水平、低效益的竞争，不断注入深加工等新市场要素，抓基础软硬件的建设，从国外引进年屠宰加工能力600万只肉鸭屠宰、加工、分割为一体的现代化生产流水线，配套兴建2 000 t冷库，建立了年生产能力200万只的出口烤鸭熟食制品专用车间，卫生条件达到国际标准。在保证本市名牌“全聚德”用鸭外，以产品深加工和创立品牌为突破口，开发出适宜连锁经营的烤鸭及配套产品，出口日本等国家，每只平均达到10美元，大大提高了产品的附加值。

四、区域品牌促进服务消费

北京鸭是北京市独有的著名家禽品种，于2005年被北京市政府认定为首批9个“北京市优质特色农产品”之一，是北京唯一性地域特色农产品，以北京鸭为初级产品的北京烤鸭具有独特的加工工艺和地方风味，是享誉世界的美味佳肴。流传“不到长城非好汉，不吃烤鸭真遗憾”的说法，可见北京鸭的作用和地位。

以北京鸭为原料烤制的北京烤鸭具有深厚的文化底蕴和社会影响力，以其皮层酥脆、肉质肥嫩、颜色鲜艳、味道香美、油而不腻等特点享誉国内外，成为北京的一张名片。目前，北京市内烤鸭店超过1 000家，仅“全聚德”烤鸭年消耗量就超过500万只。北京鸭品牌的塑造，对中华美食文化、国际旅游消费等产业具有重要的推动作用。

以北京鸭为原料制作的北京烤鸭作为2008年奥运会、2022年冬奥会、APEC北京峰会、第41届上海世博会、70周年国庆及每年的“两会”等的特色餐食。北京烤鸭作为中国饮食文化的杰出名片，在国际交往合作中发挥了重要作用。

（一）地理标志保障饮食原料正宗

2018年农业农村部将农产品地理标志作为知识产权宣传周的主题活动，与“北京鸭”农产品地理标志品牌发布会相结合，4月25日在京举办“2018年全国知识产权周活动暨北京鸭农产品地理标志发布会”。活动现场，中国绿色食品发展中心为北京市畜牧总站颁发了北京鸭农产品地理标志登记证书，并宣布2018年全国知识产权宣传周农产品地理标志现场活动正式启动。本次会议以“保护知识产权、传承北京鸭味”为主题，通过农产品地理标志登记证书颁发、标志使用授权、宣传片播放等形式向社会发布了北京鸭农产品地理标志，展示了北京市畜牧总站通过地理标志保护北京鸭产业的决心和信心。

2017年9月，北京鸭农产品地理标志首次在“中国国际农产品交易会”上亮相，被评为“2017年中国百强农产品区域公用品牌”；同期举办的“第三届全国农产品地理标志品牌推介会”上，“北京鸭”受到隆重推介。

（二）北京鸭品牌创建

北京鸭及其产品相关企业应该借力国家品牌建设战略，在国家政策与资金的双重支持下，加快产品品牌建设。借助各类媒体大力宣传，提高品牌影响力和认知度。

1. 突出产品特性，讲好品牌故事

北京鸭的品牌建设可以依托原有的耳熟能详老字号。北京百年老字号里有不少经营北京烤鸭，其他知名熟食品牌也可在原有产品品类之中加入北京鸭系列。品牌不需独立打造，只需要在各品牌产品上强调北京鸭的产品特性，依托已有品牌打造具体产品就不失为经济快捷的方法。

2. 注重文化宣传，提升地道北京鸭品种的影响力

北京烤鸭起源于中国南北朝时期，《食珍录》中已记有炙鸭，在当时是宫廷食品，流传至今已有千年历史。因其味道肥美而受到推崇，岁月流转历史变迁，烤鸭的味道及食材也在不断变化，到了明清两代随着定都北

京后，逐步固定使用北京鸭这一优良品种。

中华文明五千年历史，一道美食竟能流传千年，足见饮食文化在我国的影响力。同时北京鸭这个优良的品种，也随着皇朝都城的迁址及最终的定都北京，而出现在宫廷御膳的行列中。北京鸭因其口感肥美在清朝就已被美英引种至本土，甚至在美英掀起了追逐风潮，可见北京鸭的品质优良。

北京烤鸭作为中国美食的名片蜚声国际。几乎所有的外国友人到北京都不会错过这道美食，而成就这美味的就是北京鸭。然而由于物种流失、宣传不够等原因，北京鸭的品牌形象并没有北京烤鸭那么深入人心。为了更好地推广北京鸭，需将其作为北京烤鸭不可替代的原料进行宣传推广。要让食客了解只有北京鸭制成的北京烤鸭才是最正宗的美食。这不仅有利于保证北京烤鸭的品质，也有利于对北京鸭这个优良品种进行推广。

打造中国美食名片也是弘扬中国文明的一种有效手段，而北京鸭可以借此机会被更多的人们了解。北京鸭是北京烤鸭的不二选择。只有打造北京鸭不可替代的地位，才能使其区别于市场上其他的竞争品种。

3. 实施产品可追溯，为北京鸭产品质量安全保驾护航

北京鸭质量追溯系统的实施，实现从鸭雏孵化到饲养、防疫、屠宰、配送、消费全过程追溯，建立北京鸭生产加工过程的安全长效监督保障机制。按照“从农场到餐桌”理念，实现质量安全无缝隙管理，从源头保证禽肉产品的安全，为北京鸭产品安全生产长效监督机制的平稳运行，保障北京鸭产品的质量安全，维护“北京烤鸭”这一世界品牌形象具有积极的示范带头作用。

第二节　北京鸭的文化挖掘

一、文学作品里的北京鸭

对于全身羽毛纯白，体型硕大丰满，体躯呈长方形，构造雅观，姿态

犹如白天鹅，优美、典雅的北京鸭，文学作品中多有记载，颇具盛名。而更多的是有关北京鸭养殖的记载。

王永利笔下的北京鸭，“那是玉泉水和好粮食喂大的鸭子。肉质细嫩，肥而不腻，入口即化。皇上和太后，最喜欢玉泉山下的鸭子，御厨往鸭肚子里放上各种香料，用铁签子把肚子缝住，用柿子木炭火烧烤，那些香料的香味就渗透在每层鸭肉里，烤熟后，外皮脆而不焦，入口即化，吃到嘴里变成一汪油，却肥而不腻，鸭肉细嫩，也是入口即化，那叫一个香，那香味勾你的馋虫啊！”

文学名家鲁迅、老舍、陈建功、汪曾祺、梁实秋、袁枚等，都有描写过北京鸭。梁实秋描写过北京鸭：“北平烤鸭，名闻中外，在北平不叫烤鸭，叫烧鸭，或烧鸭子，在口语中加一子字。”《北平风俗杂咏》严辰《忆京都词》十一首，第五首云：忆京都·填鸭冠寰中，烂煮登盘肥且美，加之炮烙制尤工。此间亦有呼名鸭，骨瘦如柴空打杀。

北平烧鸭，除了专门卖鸭的餐馆如全聚德之外，是由便宜坊（即酱肘子铺）发售的。在馆子里亦可吃烤鸭，例如，在福全馆宴客，就可以叫右边邻近的一家便宜坊送过来。自从宜外的老便宜坊关张以后，要以东城的金鱼胡同口的宝华春为后起之秀，楼下门市，楼上小楼一角最是吃烧鸭的好地方。在家里打一个电话，宝华春就会派一个小利巴，用保温的铅铁桶送来一只才出炉的烧鸭，油淋淋的，烫手热的。附带着他还管代蒸荷叶饼葱酱之类。他在席旁小桌上当众片鸭，手艺不错，讲究片得薄，每一片有皮有油有肉，随后一盘瘦肉，最后是鸭头鸭尖，大功告成。主人高兴，赏钱两吊，小利巴欢天喜地称谢而去。

二、外国人眼中的北京烤鸭

据中央电视台中文国际频道报道，北京烤鸭：俄罗斯人心中的“中餐明星”，在俄罗斯最流行的中国菜是北京烤鸭。根据俄罗斯最大的搜索引擎提供的数据，有关北京烤鸭烹饪方法的搜索量，一个月就能够达到十万次；在墨西哥，果木烤制北京烤鸭，不仅华人就餐，也吸引了当地政商名流来品尝地道北京烤鸭；在美国的克萨斯州第一大城市休斯敦，一提到北京烤鸭，人们会不约而同想到“独一处”。凭借招牌菜北京烤鸭，常常食客如云，特别是周末与节假日，华人华侨、美国人、墨西哥人等在这里汇聚一堂，品尝烤鸭，其乐融融。新华国际客户端了解到，不管是常客还是慕名而来的新客，他们均点了北京烤鸭，有的甚至一桌点了4只。他们表示，这里的北京烤鸭确实名不虚传，令人回味无穷。中国驻休斯敦总领馆也时常从这里订餐，招待美国前总统老布什等贵宾。在美国纽约华埠枫林阁北京烤鸭店，据美国《侨报》报道，尽管当日烈日炎炎，行人游客口干舌燥，但很多人还是禁不住烤鸭的美味诱惑而停下来，排队等候买一块油腻香脆的烤鸭来解馋。烤鸭店在门口摆起长桌，端出一只只香喷喷的烤鸭，刀工高超的大厨现场切出一片片烤鸭肉，配上葱丝裹上薄饼，一块两块五。很快顾客已经排起了长队，还有不少识货的华人老太太专门来抢购烤鸭骨，一只鸭子被大厨切下十几片好肉，剩余的就不要了，看来相当可惜，老太太们排队拿了号码，花两块钱买下鸭骨，满意地提着袋子回家。在世界各地的中餐馆中，北京烤鸭都是独一无二的存在。

三、北京烤鸭的文化

北京鸭优良的品种结合特定的饲料与饲喂方式，成就了北京鸭的独特风味，造就了独特的北京烤鸭文化，也推动着北京鸭及其在“京味”中发挥着领军者的作用。

北京烤鸭原是宫廷御膳珍品，与挂炉烤小猪并称“宫廷双烤”后传入民间，成为满汉全席的必备菜式，备受中外宾客的欢迎，誉满京华、驰名中外，被称为是“天下第一名吃”。据史料记载，北京烤鸭源于明朝，盛于清代，距今已有600余年的历史，历经数代名厨高手改革创新，才有挂炉果木烤鸭秘传至今。精致的北京烤鸭令食家久食不厌，已成为京都饮食文化的一道亮丽彩虹。无怪乎有食者云，“不到长城非好汉，不吃烤鸭真遗憾”。北京烤鸭在制作工艺上有“挂炉”“焖炉”两种加工工艺。焖炉烤鸭以便宜坊为代表，挂炉以全聚德为代表。这两种烤鸭技艺已经分别申请了北京“非物质文化遗产保护”。

作为北京著名的“中华老字号”餐饮公司，全聚德是我国具有代表性的中华老字号企业，到现在已经历了156年的风雨历程。以全聚德为代表的中华老字号企业，不仅在几百年来对我国经济发展贡献着一份力量，更是作为老字号承载着中华民族灿烂的历史文化。经过一代代手工艺人沿袭传承的独一无二的产品和卓越手艺，承载着中华民族工匠精神和优秀传统文化的中华老字号企业的创新发展。

四、现有北京鸭文化产业

张堪农耕文化园位于北小营镇前鲁各庄村，总占地面积300亩，包括北侧前鲁鸭场（约100亩），南侧前鲁鸭场旧厂房厂区（约200亩，君德益南墙到旧厂房南墙）。前鲁各庄村当年是京郊有名的鱼米之乡，号称“北方水稻种植第一村”。该村的前鲁鸭场曾因供应北京烤鸭市场80%的白条鸭而红遍京城，其创办者黄礼也因此成为改革开放以来最早闻名全国的农民企业家之一。但随着北京市产业结构调整加快，对环境污染监管力度进一步加大，2012年，前鲁鸭场关停。时年63岁的黄礼并没有退休回家，他选择将鸭场改造成农耕文化体验园。眼下，用旧厂房改造的“张堪农耕文化园”已初具规模，“鸭司令”转型吃上了文化创意饭。文化园的设计由北区、南区两大功能区组成。其中，北区为张堪农耕文化区，南区为张堪农耕体验区。整个园区计划分为四大板块，即农耕文化板块、农耕教育板块、农耕食宿板块、农耕商业板块。文化园从北京鸭的养殖历史、北京鸭稻共生文化、北京鸭历史文化馆等方面，为讲好北京鸭的故事积累了丰富素材；文化园承载着北京鸭养殖昔日的光荣，见证着北京鸭的沧桑巨变。

北京金星鸭业有限公司组建于1998年，隶属于北京首农食品集团旗下首农股份有限公司，是一家集北京鸭育种、养殖、屠宰、加工、销售为一体的专业化、产业化现代企业，被誉为“北京鸭的摇篮”和“正宗烤鸭原料专家”，是“北京鸭”农产品地理标志首家授权用标企业。金星鸭业南口北京鸭育种中心是农业部命名的国家级北京鸭保种场，担负着国家赋予的北京鸭保种和良种繁育推广的双重历史使命和神圣职责。金星鸭业传承发扬北京鸭文化，保护北京鸭民族品牌。北京鸭有着600多年历史，被公认为是世界最优良的肉鸭标准品种、世界肉鸭鼻祖。著名的英国樱桃谷鸭、美国的长岛鸭、澳大利亚的狄高鸭、法国的奥白星鸭都是在北京鸭的基础上选育而成的。北京鸭是具有独立知识产权的畜禽品种，是中国人的骄傲，在它的品种保护和产业发展中，北京金星鸭业有限公司发挥着独一无二、无可替代的作用。

自国家“七五”计划以来，一直承担着国家下达的北京鸭科技攻关课题，在北京鸭产业发展中具有举足轻重的作用。同时，中心不断进行技术创新，利用RAPD、微卫星标记等现代分子生物学方法，进行分子标记辅助育种，研制北京鸭育种软件，发展北京鸭多性状BLUP技术，利用系统工程原理，使现有的技术、资源得到最优化配置，极大促进了北京鸭育种与生产的发展，继承和提高了北京鸭优良性能。金星鸭业创新提出了“统一种雏、统一饲料、统一防疫、统一服务、统一收购”的“五统一”标准生产理念，为每一批次北京鸭建立唯一的健康档案。在饲料环节采用大宗集中采购，采取统一供料的方式，对使用的饲料、原粮等严格把控质量。在兽药环节，采取定点厂制度和统一供药的方式，这些定点兽药厂均为有资质、通过国家GMP认证的企业，同时，每年修正《兽药管理办法》，及时根据国家要求调整用药，并大量使用药物残留远低于西药的中药对鸭群进行健康防疫。在养殖管理环节，严格按照标准进行消毒防疫，制定有高于国家标准的企标——《北京鸭防疫标准》，同时，及时对养殖环境进行整治，对鸭饮用水、环境温湿度等进行定期检测，对粪便、污水及时进行有效处理，保证了鸭群的无公害养殖。在检验检疫环节，每一次北京鸭转换地点都要做一次严格检验检疫，一般需做包括接雏检疫、宰前检疫等在内的3~4次检验检疫，统一由相关政府部门出具合格检验单。同时，对残死鸭、污水、粪便及时进行无害化处理，保证养殖环境达标。在屠宰加工及配送环节，严格按照HACCP认证要求，通过关键点控制，严格流程管理，稳定控制质量及各环节卫生状况，保证了品质如一。

2008年7月11日，由国家农业部主持北京鸭全程可追溯发布会在京召开，在奥运会之前向世人公布了作为“北京名片”的北京烤鸭品质可靠。使金星鸭业这个“幕后英雄”走到了公众面前。市场上来自追溯基地的北京鸭每只都带有一个可追溯牌，消费者可以通过追溯牌上的29位编码查询这只鸭子的饲养基地、鸭雏、饲料、兽药、防疫、屠宰等各个环节的责任人以及相关生产行为，提高了安全保障能力。金星鸭业通过建立可追溯系统，从源头到餐桌实现了全程质量监控，消除食品安全管理盲区，真正让消费者放心，成为奥运会特供产品，通过全聚德烤鸭店“飞进”奥运村、“飞进”奥运官员及媒体餐桌，成为最抢手的奥运食品。

金星鸭业始终以丰富百姓餐桌为己任，致力于提供给消费者健康、安全的食品，率先实施从田园到餐桌的全程质量可追溯，勇于给正宗北京烤鸭原料挂上“身份证”，接受来自市场和消费者的监督和检验，这就是企业诚信建设对消费者最好的体现。金星鸭业的诚信建设还体现在对社会的责任。作为畜禽养殖行业，面对当今社会关注的环境污染问题，金星鸭业一方面试点开展粪水处理工程，将鸭舍流出的粪水经过污水站三次循环过滤，沉淀后的水质将达到国家规定的二级排水标准，处理过的污水对环境无污染、无公害，可以灌溉农田，实现养殖零污染；另一方面改进传统饲养工艺，研究发酵床饲养，探索生态型养殖场思路并取得突破性进展，从根本上解决了养殖场污染问题，履行了一个企业的社会责任。

五、文化自信

从周总理的“烤鸭外交”，到2008年夏季奥运会，近年的APEC会议、“一带一路峰会”，2018年平昌冬季奥运会上的“北京八分钟”，北京烤鸭都是中国向世界展示中国文化的重要元素。作为闻名中外的美食原料的北京鸭，已经不单单是北京市民菜篮子工程建设的内容之一，更是北京历史和文化遗产的重要载体，其具有深厚的文化底蕴、传统的养殖工艺和严格的地域性。保护和开发利用北京鸭，不仅是传承民族优秀文化问题，更是关乎北京农业经济发展，转变畜牧业经济增长方式，参与国际国内竞争的战略问题。

北京鸭及北京烤鸭悠久的历史，以北京鸭为原料、独特的烤制手艺、现场刀工献技、考究的吃法让品尝北京烤鸭成为独特的艺术享受；严格原材料、烤制工艺、火候的拿捏等因素造就了北京烤鸭现今享誉中外的盛名；“不到长城非好汉，不吃烤鸭真遗憾”，同中国的长城一样，烤鸭已经成为中华民族的又一象征。独到和成熟的工艺、丰富的文化内涵、完整的社会美誉度和认知度等都是北京鸭及其产品的无形资产，这些无形资产经过开发利用，将为相关企业创造巨大的经济效益。

传承北京鸭味　保护知识产权：“北京鸭”农产品地理标志登记证书授权仪式举行。2018年4月26日是第18个世界知识产权日，在知识产权宣传周期间，农产品地理标志也是活动主题内容之一。农业农村部作为全国知识产权宣传周活动组委会成员，于4月25日在北京市举办了“北京鸭”农产品地理标志品牌证书颁发与授权签约活动。

“北京鸭”是北京烤鸭的唯一正宗原料鸭种，是全聚德、大董、四季民福等高档烤鸭店首选用鸭。作为典型北京“地理标志”的商品，如果把非“北京鸭”烤出来的烤鸭冠以“北京烤鸭”的名称，就会有损于消费者与合法生产者的利益，使消费者受到蒙骗，让其误以为他们所购买的是具有特殊品质和特点的真货。与此同时，合法的生产者也会蒙受损失。为此，2005年，北京鸭被北京市政府认定为首批9个“北京市优质特色农产品”之一，也被国家列为首批遗传资源保护品种。2017年9月1日，“北京鸭”正式取得农产品地理标志登记证书，登记主体为北京市畜牧总站，登记规模586.5万只，年产量6.98万t。北京金星鸭业有限公司作为第一家授权标志使用单位，拥有国家级资源场，承担着“北京鸭”原种资源保护和良种推广的任务，每年可向市场供应北京鸭1 500多万只。北京鸭是北京市唯一一个以省域名称冠名的地理标志产品，同时也是北京市畜禽产品中首个获得地理标志登记的产品。

将北京鸭申请登记成为地理标志产品，是北京市农业局落实国家知识产权保护相关要求的重要体现，也是落实农业农村部质量兴农、绿色兴农、品牌强农，全面提升农业质量效益竞争力相关部署的重要举措，更是部市共建北京农产品绿色优质安全示范区的具体措施。

利用地理标志农产品保护加强脱贫攻坚与乡村振兴统筹衔接，以农产品地理标志保护项目为实施的抓手，农民在自己的土地上生产出本地的优质产品，从技术上来讲有基础，从品种上来讲不陌生，使得地理标志保护的农产品有鲜明的地域特色，在品牌和效益上实现双丰收。农民可依靠特色农产品的收入实现增收，逐步提高生活质量直至达到全面小康水平，最终实现地域经济发展。因此，实施农产品地理标志保护对扎实推进脱贫攻坚和乡村振兴具有重要意义。北京鸭地理标志保护农产品的授权使用单位全部在郊区，采取公司+农户的养殖模式，带动乡村农民养殖致富，是乡村振兴中重要的组成部分，使农户收入持续积累并增加，在本地解决农民就业问题，实现农村农业经济的可持续发展。

2020年9月6日，宫廷鸭匠文化产业联盟成立。联盟由中国御膳委与北京鸭匠餐饮集团共同发起成立，以中国御膳非遗项目宫廷烤鸭技艺传承为宗旨，以宫廷鸭匠文化产业联盟为平台，抢救御膳文化遗产，推动御膳非物质文化遗产项目和宫廷烤鸭技艺的传承与发展为己任。旨在通过文化产业平台，促进传统餐饮品牌升级。

直面疫情考验，在当前餐饮转型的形势下，传统餐饮要挺得住、活下去、实现可持续性发展，必须注入新的文化元素，加速传统餐饮品牌打造，提升服务质量，增强企业抗压能力。北京鸭匠餐饮集团以传统烤鸭为基础，历经30余年努力，创建新餐饮文化品牌。宫廷烤鸭技艺传承人张陆军大师带领团队，刻苦钻研，继承前辈大师技艺，研发出双炉宫廷鸭技术专利并在实践中积累了丰富的宫廷鸭培育养殖经验。2018年，在全国御膳专家委的支持下，开辟“宫廷烤鸭研发传承基地”，组建“宫廷烤鸭技艺传承人队伍”，并推出“宫廷鸭匠”品牌文化餐饮项目。“张陆军大师工作室”“宫廷烤鸭技艺传承人团队”传承启动仪式同时举行。这标志着千年宫廷烤鸭技艺传承与宫廷鸭匠文化餐饮品牌正式亮相北京餐饮市场。

联盟副主席于国鑫介绍，通过宫廷鸭匠文化产业联盟，促进联盟企业联合互动，构建共创共赢，走技艺传承、数据分享、共同发展之路，向数字化、网络化、智能化发展，是当今传统技艺传承人、餐饮从业者必须面对的挑战；同时，也是宫廷鸭匠文化产业联盟的发展方向。中国御膳委会长常国璋表示，御膳非遗项目的保护传承离不开餐饮界前辈的支持和御膳传承人的坚守，御膳文化的传承是新御膳走向市场的灵魂，要让饮食文化与新时代新餐饮需求结合，真正实现传承的永久价值。

第三节　北京鸭对北京人生活的影响

一、北京鸭对弘扬中华美食文化的影响

在中国，每一个地方，都有一个属于自己的味觉符号。川菜的麻辣，粤菜的清淡，淮扬菜的鲜美，鲁菜的大开大合，东北菜的豪爽大气……而北京，一座有着三千多年历史的古都，作为历史与现实的首都，一直是八方美食荟萃于此，因此，不仔细想还真想不出有什么能在全国叫得响的地方菜。烙饼卷带鱼、干炸丸子算吗？但凡事都有例外，比如独具匠心的北京烤鸭。俗话说，来北京三件事，登长城、逛故宫、吃烤鸭。长城故宫都是世界文化遗产，也是中华民族的人文符号这自不必说；而烤鸭这种菜品能与前两个名片并列，足见其不是“凡鸭”。国际友人来到中国，来到北京，流传着“不登长城非好汉，不吃烤鸭真遗憾”的说法，北京鸭是北京这座现代化国际大都市的一张饮食名片，也是北京人宣传自己家乡的点睛之笔。

北京的很多美食多出自宫廷。比如萨琪玛，比如下面说的烤鸭。关于烤鸭的形成，早在公元400多年的南北朝，《食珍录》中即有“炙鸭”字样出现，南宋时，“炙鸭”已为临安（杭州）“市食”中的名品。其时烤鸭不但已成为民间美味，同时也是士大夫家中的珍馐。但至后来，据《元史》记载，元破临安后，元将伯颜曾将临安城里的百工技艺徙至大都（北京），由此，烤鸭技术就这样传到北京，烤鸭成为元宫御膳奇珍之一。继

而，随着朝代的更替，烤鸭亦成为明、清宫廷的美味。而北京烤鸭的起源则可上溯到明太祖朱元璋时代——朱元璋本人就好这口。当然，那时候烤鸭的吃法还是“干吃”，鸭皮鸭肉分开吃，具体做法也不同，跟现在的口味儿比起来还是有不小区别。有其父必有其子。接下来当了皇帝的朱棣也好这口儿，在迁都北京后，烤熟的鸭子自然也得给我“飞过来”。烤鸭进京后，并没有入乡随俗改称北京烤鸭，而是被唤作金陵脆皮鸭。到了嘉靖年间，烤鸭两大门派之一的焖炉烤鸭传入民间后，被人称之为金陵烤鸭。到了清朝同治年间，一位从清宫御膳房“溜出来”的烤鸭师傅把宫廷的烤鸭技术传到了宫外，形成了北京烤鸭的另一流派——挂炉烤鸭，这其中的技艺透着时下正讲的“工匠”精神。他用北京本地特产“北京鸭”作为基础食材，先在鸭身上开个小洞，把内脏拿出来后，再灌进开水，把小洞系上后挂在火上烤。这方法既不会让鸭子失水又可以让鸭子的皮胀开不被烤软。烤出的枣红色鸭子外观饱满，皮酥肉嫩。烤完的鸭子削成小片，讲究的还弄个皮肉分开片，片条鸭里脊什么的，再配以大葱丝、黄瓜丝、甜面酱，用薄饼卷着食用……一口下去那真是满口香。明代时，烤鸭还是宫中元宵节必备的佳肴；据说清代乾隆皇帝以及慈禧太后，都特别爱吃烤鸭。从此，便正式命为“北京烤鸭”。后来，并随着社会的发展，北京烤鸭逐步由皇宫传到民间。

新中国成立后，北京烤鸭的声誉与日俱增，并走出国门，闻名世界。据说周总理生前十分欣赏和关注这一名菜，他曾29次到北京“全聚德”烤鸭店视察工作，宴请外宾，品尝烤鸭。为了适应社会发展的需要，而今全聚德烤鸭店烤制操作已逾加现代化，风味更加珍美。北京烤鸭，是北京全聚德烤鸭店的名食，它以色泽红艳、肉质细嫩、味道醇厚、肥而不腻的特色，被誉为“天下美味”而驰名中外。

大约20世纪80年代初，新闻记者都很喜欢烤鸭店的活儿。因为干完活儿，掌柜的一般都会送两套“鸭架子”留念，然后赶紧蹬上自行车，回家路过副食店，买把菜叶子，再来把粉丝。当晚，媳妇会很主动围上围裙进厨房细火慢炖，然后全家人一起改善改善。两碗鸭汤泡米饭下肚，再咂摸咂摸鸭脖子和鸭腿上剩的少许肉丝儿，这种满足感今天的人很难体会。

电视剧《天下第一楼》里对此就有所体现。卢掌柜动不动就唤人给这个大人、那位公子、这几位差爷拿两张“鸭票儿”，可见在当时，鸭票虽然没有银票好使，但烤鸭还是有相当的含金量的。新中国成立以后，在凭票供应的年代里，烤鸭还是一般老百姓逢年过节都未必能解馋的“好菜”。20世纪70年代，在王府井的烤鸭店里还有“四分之一只”烤鸭这种奇特卖法儿，仅供囊中羞涩的人尝尝味儿。当时比较土豪的人则会俩人点8元钱的整只烤鸭大快朵颐，再配点儿菜，一顿饭下来大约得10元钱。10元钱是个什么概念呢？就拿当时北京最有范儿的西餐厅——莫斯科餐厅来说，俩人点五六个普通西餐菜品也就花个8元钱。

用了一个多世纪，烤鸭终成北京人的烤鸭。烤鸭真正从“好菜”变成家常菜，那还是20世纪90年代的事，一方面改革开放后，老百姓收入提高了；另一方面，主打“家常菜”的餐厅兴起后，一般都会推出烤鸭这道菜以提升餐厅档次。38元钱一只的大众价格，对比当时“高大上”的粤菜来说还是很亲民的。虽说从八大菜系的角度上说，贵为首都的北京并无自己的本帮菜系入选，但论知名度，北京烤鸭在国际上的知名度绝不逊于任何一款“中华料理”。譬如美国前总统布什父子就对北京烤鸭赞不绝口；有这二位当代言人，烤鸭不愁不名扬天下。日本不少人也很喜欢吃北京烤鸭，在当地，北京烤鸭还保持着高档菜品的身段儿。不过，日本人讲究分餐制，烤鸭片好后并不直接端上桌，而是在一旁由服务员卷好后一起端上来。要是碰上十几二十几人的聚餐，等烤鸭都卷好了，没十分钟也得有八分钟。

作为一个“舌尖上”的民族，中国的饮食文化源远流长，成为中华文化的重要组成部分。随着经济的发展，中华美食文化的传承与发展就越发的重要。中国地大物博、人口众多，丰富多彩的饮食背后承载着博大精深的文化内涵，饮食文化也越发成为中国传统文化中最具特色的一部分。对于这种饮食文化的传承和弘扬如今又不拘一格，一道菜背后的文化是其发展演变的根基，遵循这样的文化轨迹，采掘并开拓，将其赋予世界级的美馔佳肴，不失为当下另一种对美食文化的传承。对于中国传统美食，西方人也有一种迷之迷恋，当年《舌尖上的中国》以4万美元一集的价格创了当年中国纪录片外销价格纪录可见一斑。而西方人也是频频用实际行动致敬中国美食。比如传说中，马可波罗游历中国回到意大利后没能“山寨”成功的葱油馅饼，在几百年后以比萨饼为名重返中国，而且运用特别的方式将中国美食与西方美食进行了完美融合。必胜客曾在北京推出了一款致敬中国美食的比萨新品，在一张名为“九合一”的比萨饼上，汇集了从中国各地收集来的九种美味食材，而这张比萨饼的中心位置，自然留给了老外心中的第一中国美食——以北京烤鸭为原料的“北京潮鸭”。至于在你的心目中，北京烤鸭是否是中华第一美食，不妨跟一张饼上的其他八种美味比比看吧。每座城市都有其固定的风俗特点，每一个城市都有一道代表这个城市的美食，便利的交通让美食传遍世界各地，走遍五湖四海，火锅不仅仅在四川，北京烤鸭亦不止在北京。民以食为天，无论走到何地，都会有一次舌尖上的旅行，中国的首都北京是中国传统文化最为浓厚的一个地方，而烤鸭则是北京最具代表性的一个著名菜式。

北京烤鸭是一种传统美食，它有很高的象征性。它代表着北京乃至中国，具有一定的意义，它的存在也时刻提醒着人们它存在的意义，一道烤鸭从鸭子的选择到喂养再到食材的处理以及烹饪，每一餐都是厨师一步步实践出来的，滋滋冒油、鸭皮韧劲十足、鸭肉入口爽滑，简直就是人间美味！不论是在国内还是在国外，烤鸭店里遇上一桌老外，娴熟地用面皮包好鸭肉、黄瓜丝、葱，塞进嘴里露出幸福的表情，真的是一件很棒的事情。北京烤鸭主要分为两大派系，而北京最著名的烤鸭店也就是两派的代表，分别是全聚德和便宜坊，它们的烤鸭以色泽红艳、口感香脆、肉的多汁、酱的浓郁而闻名天下，是老北京特色美食的代表。

北京烤鸭的吃法大致分为三种，第一种是由大宅门里的太太小姐们兴起的，因为在中国传统文化中以男性为尊，所以一般的女性会比较忌讳，她们不吃葱蒜，也有一些儿童或者老人由于不能接受葱的刺激或者其他的不喜欢葱蒜的人喜欢将鸭皮蘸细白糖吃，因此全聚德见到大宅门客人来点烤鸭必加白糖碟，这就是北京烤鸭的第一种吃法。第二种吃法是将北京烤鸭切成片儿，用甜面酱加葱条、黄瓜条、萝卜条等，抹在荷叶饼上与烤鸭搭配起来，将荷叶饼卷起来吃，这是比较常见的一种吃法。第三种吃法就是蒜泥加甜面酱用荷叶饼卷，这也是最受欢迎的一种佐料，因为蒜泥可以解油腻，而且在鲜香中增添了一种辣味，风味更为独特。它的吃法还有一定的讲究，讲究季节、讲究片法、讲究佐料、讲究佐食。讲究季节指必须在合适的季节吃，否则会影响口感；讲究片法，因为片得好会使菜肴的造型更美；讲究佐料，就是刚才所说的三种吃法中的第二种和第三种需要搭配甜面酱、黄瓜条等；佐食主要有荷叶饼和空心芝麻烧饼，这些都是当时的人们由实践得出来的吃法。正宗的北京烤鸭，都是把烤鸭切成片，然后再摊一些薄面皮，在面皮上面刷一些酱，再卷一些蔬菜，比如黄瓜丝、葱丝，根据各人爱好再加一些辅料，最后再放入几片鸭肉片，然后把面皮卷起来。这个步骤可以说是北京最地道的吃法了。

北京鸭与奥运结缘。2000年，北京鸭助力北京申奥，2007年，国际奥委会终身名誉主席萨马兰奇先生到访北京最大的体育主题餐厅全聚德奥运村店。全聚德向萨马兰奇展示了烤鸭文化及体育元素，席间还展示了全聚德接待贵宾的最高礼仪——点鸭坯。他们邀请萨马兰奇先生在烤鸭送去烤制之前为鸭坯题字，当时萨马兰奇先生写了个吉祥符号，烤制结束后这个符号就在鸭身上显现出来了，充分表达了萨马兰奇先生对北京烤鸭的喜爱之情和对中国人民的友谊。2008年夏季奥运会、2022年冬季奥运会，北京烤鸭受到了世界各国运动员和奥委会官员的欢迎。北京全聚德金牌烤鸭与奥运特供烤鸭采用完全一致的质量标准，从育种到出炉每一个环节都紧密相扣，工作流程严谨精密，做到全程可追溯。近年来，北京高规格的国事活动不断，在繁忙的国事活动之余，品尝正宗北京烤鸭已经成为各国要政来京的“标配”活动之一。新中国成立以来，已经有200多个国家和地区的元首与政要，来北京品尝正宗的北京烤鸭，北京烤鸭真不愧为“中国美食名片”。进入新时代，围绕人民对美好生活需求的不断升级，北京烤鸭也加快提质转型，以市场为中心、以顾客满意度为重点，不断改进烤鸭全流程。

北京烤鸭的传承是中华传统文化的一种传承方式，也是中国的历史文化传承下来的标志。北京烤鸭现在代表的不仅仅是北京，更是中国美食的一种，这种美食带给人们一种视觉和味觉上双重享受的同时，也为食用者带来身体的健康，同时也体现了中华民族对于美食方面的造诣与追求。

烤鸭对于北京来说很重要，这是北京文化的名片之一，无论哪儿的游客到北京肯定会想着要去尝尝北京烤鸭。没有一种食物比北京烤鸭更能代表北京了，one Beijing one World one Peking duck，读起来就有登顶紫禁之巅的荣耀。这种枣红色的鸭子，以油亮的外表和外酥里嫩的口感，征服了全世界。对于游客来说，烤鸭是北京的名片，“不到长城非好汉，不吃烤鸭真遗憾”——根据20世纪80年代的烤鸭新闻报道，这句名言在三十年前已经传扬海外。

二、北京鸭对北京人家宴习俗的影响

在北京人民的心中，吃烤鸭是必须要有仪式感的。小孩生日吃烤鸭、老人生日吃烤鸭、家里来了客人吃顿烤鸭，结婚宴上，烤鸭也是一道必备大菜，贴秋膘、冬补、喜庆、过年等，请客的时候就得体面一点，尤其是外地亲戚朋友来了的时候，带他们去吃贵一点的烤鸭，好好招待人家。

春节是中国人一年中的第一个传统佳节，它标志农历旧的一年结束，新的一年已经开始。春节对于每家每户而言都是极其重要的节日之一。因为人们忙碌了一年，只有在这段时间家人才能够聚在一起。年夜饭，是除夕的重要活动之一，大年三十全家人聚在一张桌子上吃着年夜饭。在老北京的年夜饭桌上，烤鸭是必不可少的一道美食。中国的百姓家庭对年夜饭极为重视，每逢新春佳节，在家包饺子吃年夜饭是北京人的老传统，如今，把家宴摆到饭店餐馆里，与家人朋友欢聚一堂，共迎新春，已成为许多北京人的新时尚。北京大部分酒店和餐厅都在春节期间推出各具特色的年夜饭大餐，象征热闹喜庆、团圆兴旺的北京烤鸭不可或缺，是北京百姓年夜饭臻美佳肴的主角。人们在春节的时候，重头戏就是吃，传统的家乡味道是人们最无法割舍的乡愁，随着春节的临近，人们的经济水平随之提高，大家都会选择去酒店进行年夜饭的预定，在北京，全聚德、丰泽园、仿膳等传统的百年老字号年夜饭的预定尤为火爆。团圆家宴年夜饭，欢欢喜喜过大年，浓浓又地道的幸福味道。

四时节气，北京鸭与京城百姓养生食疗密切相关。时令惊蛰，节气养生，也不能少了北京鸭。早春万物生机盎然，破土而出的春笋配上温补适中的北京鸭肉，高蛋白、低脂肪、粗纤维、低淀粉，最适宜北京百姓家常养生。鸭血木耳与青韭，补血解毒、物美价廉、清毒利肠、增强免疫，春季食疗，也是很好的选择。

“大暑吃鸭胜补药”我国古代医学对鸭作为滋补品有所论述，《名医别录》中称鸭肉为“妙药”和滋补上品。“热散由心静，凉食为清风”民间亦有“大暑吃鸭胜补药”的说法。

“立秋贴秋膘”到了名正言顺吃肉的时节。蘑菇煨鸡、北京烤鸭……立秋贴秋膘的日子里注定少不了北京油鸡和北京鸭的大快朵颐。百年名品北京鸭，贴秋膘高端又营养。北京烤鸭是名扬世界的美食，历代美食家吃北京烤鸭，认为季节、鸭坯、烤制、片法等都会影响口感。秋日，储存了足够多能量的鸭子，已经肉肥味美，特别适宜制作烤鸭。立秋贴秋膘，北京人的餐桌上怎么能少了这道美味？

北京烤鸭还有很大的营养价值，因为烤鸭常常是佐以大葱、大蒜、黄瓜条等食用，这样可以起到平衡酸碱的作用，烤鸭中含有丰富的维生素C和膳食纤维等，同时还具有使胆固醇下降和纤维蛋白质溶解活性升高，帮助消化的强大功能，对于食用者的身体健康也有保障。这也是北京烤鸭能传承下来的原因之一。随着人们生活水平的提高，人们对于饮食的追求不再是吃饱就好，对于营养搭配方面的要求也越来越高了。其实对于饮食只要学会搭配，也是能很美味的，就像北京烤鸭，在营养方面的价值也是很高的，里面的葱姜蒜等都是可以杀菌的，对于人身体的益处也是很大的。

三、北京鸭——地理标志农产品，对农民增收的影响

立足本地资源，突出区域特色，推进北京农业高质量发展，带动北京农民增收致富。

在第十八届中国国际农产品交易会上，“北京鸭”“上方山香椿”“京西稻”“茅山后佛见喜梨”4个北京市地理标志农产品亮相展会，在农交会的地理标志展区中，展位以祈年殿为原型的北京展区，将北京传统地标建筑和地标农产品相结合，京味浓郁，别具特色。这也是北京市自2015年起，第5年组织地理标志农产品持证单位和用标单位，参加中国国际农产品交易会。北京鸭全身羽毛纯白，略带乳黄光泽，体型硕大丰满，体躯呈长方形。北京独特的地理、气候特点，为北京鸭的选育形成了优良的环境。北京的暖温带大陆性季风气候，四季分明，造就了北京鸭强健的体质，使得北京鸭对于气候环境有着很强的适应能力，抗病性能也很好。冬天只要气温不低于-20℃和大风大雪天气，都可在露天运动场上活动，气温不低于-5℃时，仍可在湖面砸破冰层后放河洗浴，在夏季气温30℃以上仍可耐受。北京油鸡、北京鸭这2个获得国家地理标志保护认证的“京”字号畜禽农产品，是京城叫得响的好品牌，在市场上消费者认可度高。农民立足本地资源，突出区域特色，饲养地理标志农产品，可以增加

收入，在生产上带动京郊特色产业的发展，特色优质农产品从田间地头走向百姓餐桌，促进了农民增收，富裕了一方百姓。

四、地理标志北京鸭让老百姓吃上了最地道的北京烤鸭

北京鸭是我国拥有完全知识产权的优良水禽品种，也是“北京烤鸭”的唯一正宗原料鸭种。北京鸭是生长在标准化养殖基地的。鸭子的品种、饲养工艺和饲料营养等因素会直接影响烤鸭的口感。我们的北京鸭采用优质的饲料配比，经过科学“填饲”工艺，饲养40多天，可合理增加皮下脂肪厚度及肌间脂肪含量，经烤制后由此形成独特的北京烤鸭风味。每年的春秋两季是北京鸭的最佳生长期，体重3.15 kg时达到出栏标准。这期间，在生态养殖的环境下，擅长“保养”的鸭子胸大、屁股圆、脂肪含量高、肉质细嫩程度更好。在烤制过程中，皮下脂肪熔化进入肌肉，使得鸭肉嫩滑、鸭皮入口即化。金星鸭业养殖基地常年为全聚德、大董、四季民福等烤鸭店提供原料，每年在北京地域出栏近170万只北京鸭，每一只都可以追溯到它的生产加工全过程。北京鸭是“北京烤鸭”最为正宗的原料鸭种，经过多年品牌培育，生产全程建立了规范化、标准化生产技术体系，2017年获国家农产品地理标志认证，2020年入列中欧地理标志互认清单。2022年北京市启动了北京鸭农产品地理标志保护工程，提升了北京鸭的品牌影响力，有力支撑和彰显了中华民族优秀农耕文化北京烤鸭的品牌价值、美誉度和好口碑。目前，北京鸭地理标志生产地域保护范围覆盖北京8区46个镇与街道，近几年累计带动京津冀地区养殖农户1 800余户，户均年纯收入可达到10万元。

五、北京鸭对生物多样性的影响

近几年，北京市连续开展地理标志农产品保护工程，创响“土字号”“乡字号”特色产品品牌，北京油鸡、北京鸭、北京黑猪等特色优质农产品从田间地头走向百姓餐桌，促进了农民增收。为确保种源不灭绝，

北京市建立了畜禽活体保种场和种质资源库，北京地域范围内的2个畜禽地方品种和其他在京优良地方资源1.5万份畜禽遗传材料受到重点保护。

我国鸭品种资源丰富，有著名的地方品种，有引进的品种和一些近年来新培育的品种，这些品种对我国养鸭生产的发展起了积极的作用。北京鸭经过选育后，群体的遗传多样性更加丰富，从而能提供更好的育种素材。南口1号北京鸭配套系种鸭产蛋性能好，繁殖率高，适应性强，生产的商品鸭生长速度快，饲料报酬高，尤其在北京填鸭生产中，易育肥、皮肤细腻、肉质鲜美、口感好，深受烤鸭店的欢迎。Z型北京鸭配套系属大型优质肉鸭品种，父系瘦肉率和饲料转化率高、肉品质好。母系繁殖性能强。商品代肉鸭为瘦肉型，肉质优。

畜禽品种资源多样性的保护直接关系到畜牧业可持续发展，攸关到人类社会的政治经济生活。北京市第十三次党代会报告提出今后5年的奋斗目标。其中特别提出北京将建设生物多样性之都。北京市是世界上生物多样性最丰富的大都市之一。根据北京市生态环境局统计，实地记录各类物种共3 702种，2020—2021年累计记录6 283种，其中高等植物1 804种、脊椎动物371种、昆虫2 580种、大型底栖无脊椎动物250种、藻类475种、大型真菌803种。据北京市园林绿化局的数据显示，北京地区目前已有记录维管束植物2 088种，其中国家及北京市重点保护植物80种。近600种陆生脊椎野生动物在我们生活的城市中栖息繁衍。北京四季分明的气候特点，为各类野生动物提供了多样化的栖息选择。此外，也与北京生态环境日益改善密不可分。近年来，北京的百万亩造林绿化、湿地保护、城区绿化等工作，都将动物“居民”的吃、住、行需求纳入考量。未来，北京计划建立生物多样性保护政策、制度、标准和监测体系，统筹编制自然保护地体系规划、市级自然保护区总体规划、野生动物栖息地规划等专项规划，制定北京第一批野生动物重要栖息地名录。北京市将继续打造“京”系列富民兴农的金字招牌，助力乡村产业振兴。

第七章 今日北京鸭

第一节　发展过程中的问题

一、如何落地实施，让地标产生价值

农产品地理标志，是指标示农产品来源于特定地域，产品品质和相关特征主要取决于自然生态环境和历史人文因素，并以地域名称冠名的特有农产品标志。北京鸭作为地理标志产品，也有其产地和生产标准的限制。产地限制，指北京鸭养殖的全过程或重要养殖阶段必须在北京域内，并严格按照生产规范进行养殖生产。在其他区域养殖，即使生产标准完成相同，也不能称为地理标志北京鸭，不能得到地理标志的授权和使用，这是地理标志农产品的特点。因此，虽然这些年北京鸭在全国范围内养殖量有上升趋势，但能被授权使用地理标志北京鸭的养殖群体和养殖量确在下降，制约着地理标志北京鸭产业的发展。

二、资源环境的问题

北京市土地资源、水资源等有限。随着近年北京市农业产业结构调整，北京市畜牧业养殖规模逐步缩减，重点向产业链两端转化，养殖中间

环节外移，北京鸭的养殖规模也在减少。作为地理标志北京鸭，受资源制约，产业发展受限。

三、生产中的问题

（一）品种优势有待提升

北京鸭品种驰名中外，英国的樱桃谷公司、法国的克里莫公司、美国的枫叶公司等饲养的大体型肉鸭品种均是北京鸭。经过其半个多世纪的育种培育，与我国传统原始北京鸭相比具有一定的比较优势，并已经返销到中国市场，形成强大的市场优势，而我国北京鸭的国内市场优势已经不存在。虽然我国经过20多年的品种选育和品系选育，新培育的北京鸭配套系的生长速度已经赶超国外北京鸭品种，其胸肉率和饲料转化效率已经与英国北京鸭相当，还应继续加大培育力度。

（二）养殖观念陈旧、养殖设施相对落后

目前，北京鸭养殖基本还是公司+农户的养殖模式，农户养殖北京鸭普遍采用低投入、开放式大棚生产模式，基础设施和设备简陋，饲养环境差，导致疾病泛滥、交叉感染十分严重，药物使用频繁，肉鸭健康不能得到保障，产品卫生安全存在隐患。

（三）健康与福利面临挑战

北京鸭在育肥阶段采用填充方式饲喂，这是北京鸭养殖的一个传统方式。随着时代的发展，对养殖产业在动物福利方式上也提出了新的要求，能否通过营养调控，改变现有填充饲喂方式为自由采食，在追求生产效率、产品质量与安全的同时，也能充分体现动物福利。

（四）疾病危害严重

近年来，肉鸭传染病的流行日趋复杂，表现为老病未除、新病不断。鸭病毒性肝炎、传染性浆膜炎是过去长期危害我国肉鸭产业最主要的疾

病，近年来又出现了新的病原或其病原出现了新的血清型，如鸭新型病毒性肝炎、圆环病毒病等，给肉鸭养殖业造成了重大经济损失。

四、北京鸭美食文化普及

中国烹饪源远流长，是中华民族文化宝库中璀璨的一支。在中国，同一种食材有多种烹饪方法，而北京鸭作为食材，最著名的烹饪方法就是制作烤鸭。无论是挂炉烤鸭还是焖炉烤鸭，基本制作都是出自专门餐饮经营企业，很难走入普通餐饮单位和大众的餐桌（外购除外），需要研究新的烹饪方法，使北京鸭作为食材，能走上普通大众的餐桌。

第二节　北京鸭的养殖规模

北京鸭的养殖规模，从逐渐迁徙到开始育种及2013年存栏的高峰，又到2021年稳产保供的稳定期，养殖规模经历4个主要历程。分别为新中国成立前、新中国成立后到20世纪90年代、20世纪90年代至2010年、2010年至今。

一、新中国成立前北京鸭养殖变迁和养殖情况

北京地区气候干燥，年降水量少而集中，冬季比较寒冷而又持续时间长。这样的气候特点，加之北京地区有山有水的地理条件，均适宜于北京鸭的繁殖和发育。因此，应当说北京鸭是由古代生长在我国北方的一种原种白鸭，经过长时间的驯化、饲养，又有运河之谷格外优越的饲料条件，以及鸭农精心地选种培育而逐渐形成的。

1949年以前，北京鸭的生产规模不大。据记载，1926年北京有300家养鸭户，饲养种鸭4 500余只，这在北京鸭史上属兴盛时期之一。但因当时金融紊乱、连年内战，至1928年只剩150家养鸭户，种鸭2 600只；据1942

年统计，养鸭户仅剩47家，种鸭只有1 300只左右；1948年全市的填鸭生产还不到6 000只。

二、新中国成立初期到20世纪90年代

据不完全统计，1949年后，北京鸭生产迅速恢复。填鸭产量，1954年1万只；1955—1965年北京鸭增长速度更快，1965年突破百万大关，产量104.4万只。“文革”期间产量下降，到1968年降至54.5万只。1970年后恢复到100万只，以后逐年增加，1979年填鸭产量增至329万只，1980年达344万只。1989年北京鸭存栏252.10万只，种鸭存栏7.95万只。

三、20世纪90年代至2010年

2005年被北京市政府认定为首批9个“北京市优质特色农产品”之一，也被国家列为首批遗传资源保护品种，遗传资源珍贵。

随着北京市城市化进程的发展，北京鸭由原产地逐渐迁移到了目前的几个主产区，而原先个体散养的饲养情况也逐渐地过渡到了目前的规模化养殖。2010年根据北京市畜牧总站畜牧养殖场（小区）登记备案的统计，北京市共有北京鸭规模养殖场28家，养殖规模占全市的70%以上。北京市年产北京鸭1 500万只，占全市肉鸭出栏量的50.3%，年存栏280万只，年生产鸭肉3.75万t，在全市10个郊区县中，顺义区、昌平区、大兴区、平谷区、房山区等5个区县养殖较为集中，占全市北京鸭养殖量的94%。

北京鸭的原种养殖基地主要有3个：①位于昌平区的金星鸭业南口种鸭场，养殖规模6万只，年产量750万只，年收入390万元；②位于昌平区的中国农业科学院北京畜牧兽医研究所种鸭场，养殖规模2万只，年产量20万只，年收入50万元；③位于顺义区的前鲁鸭场，种鸭养殖规模3.5万只，年产量10万只，年收入300万元。

四、2010年至今

2013年，北京市蛋鸭场4个，肉鸭场43个，还有部分鸭场肉、蛋鸭均有。从区县来看，平谷12个场、大兴9个场、房山24个场、怀柔3个场、顺义2个场、延庆2个场、通州4个场、昌平2个场、密云和门头沟均为0。这与部分区县产业结构调整及区域规划政策导向有关。

2017年批复北京鸭农产品地理标志生产地域保护范围包括北京市行政范围内的：昌平区马池口镇、南口镇；大兴区榆垡镇、旧宫镇、庞各庄镇、北臧村镇、青云店镇、采育镇、西红门镇、礼贤镇、瀛海镇、黄村镇、安定镇；房山区琉璃河镇、窦店镇、青龙湖镇、周口店镇、石楼镇、良乡镇；怀柔区庙城镇、雁栖镇、杨宋镇、北房镇、九渡河镇、渤海镇、琉璃庙镇、汤河口镇；平谷区大兴庄镇、东高村镇、王辛庄镇、峪口镇、平谷镇、夏各庄镇、山东庄镇、南独乐河镇、金海湖镇、马昌营镇；顺义区北小营镇、木林镇、龙湾屯乡；通州区永乐店镇、张家湾镇、于家务乡、漷县镇；延庆区康庄镇、延庆镇，共8个区的46个乡镇。地理坐标范围为：东经115°97′~117°01′；北纬37°73′~40°47′。

截至2021年6月底，全市范围内登记备案的规模鸭养殖场有8个（其中蛋鸭场3个，肉鸭场5个），分布在昌平、通州、房山、延庆4个区，其中种鸭场2个、蛋鸭孵化场1个、商品代肉鸭场5个，分布在通州、房山和延庆。年存栏北京鸭35万~40万只，每年出栏北京鸭180万~220万只。

截至2021年6月底，北京鸭地理标志授权单位2家，分别是北京金星鸭业有限公司、北京三江宏利牧业有限公司。年度用标指标202万只。

北京金星鸭业商品鸭存栏72.52万只（其中公司自有基地存栏9.36万只，合作农舍存栏63.16万只）；北京地区2018年养殖出栏北京鸭190.1万只，实际使用地标标签的产品是152.1万只；2019年出栏177.5万只，实际使用地标标签产品140.0万只；2020年出栏101.7万只，实际使用地标标签的产品是81.4万只；2021年1—6月出栏量36.98万只，实际使用地标标签产品29.58万只。

第三节　以北京鸭为基础的文创产业

一、视频资料

（一）中央电视台1986年拍摄的纪录片

北京烤鸭传承百年，关于它的资料很多，但总有一些经典流传了下来。1986年中央电视台拍摄的经典视频《北京烤鸭》，视频中不仅有北京烤鸭最传统的技艺，还有老一辈北京鸭养鸭人——前鲁鸭场黄礼场长讲述北京鸭的养殖过程，可以感受到老一辈人对于北京鸭原味的坚持。

（二）北京电视台2013年拍摄的北京鸭纪录片

2013年北京电视台的《这里是北京》栏目第2013-09-10期，完整讲述了北京鸭追根溯源的全过程，是用视频记录北京鸭生产直到北京烤鸭过程最全的一部记录片。

《这里是北京》是北京电视台一档介绍老北京风土文化的文化栏目，由阿龙主持，深受热爱老北京文化的全国各地观众的青睐。

（三）北京鸭的各类媒体宣传

2000年之后，随着北京鸭农产品地理标志的申报和证书取得，在这个过程中，北京鸭的品牌化发展也取得了长足的进步。

2010年1月16日北京电视台《生活大调查》栏目特色烤鸭大搜索对正宗北京鸭及其可追溯身份进行报道。

2010年9月12日中央电视台《理财在线》栏目对北京鸭可追溯及其作为正宗北京烤鸭原料做专题录制报道。

2012年9月10日中央电视台《走遍中国》对可追溯的北京鸭为原料的北京烤鸭作为奥运特供再次全程报道。

2014年8月3日，中央电视台科教频道播出“原来如此——小鸭子找妈妈”。

2021年中央电视台农业频道制作“北京烤鸭的酥皮秘密”，不断提高北京鸭的知名度。

（四）北京鸭的主题宣传片

2016年北京金星鸭业有限公司专门拍摄了以北京鸭为主题的企业宣传片。

2018年北京市畜牧总站联合北京金星鸭业有限公司，制作了《地理标志北京鸭宣传片》，并在2018年知识产权宣传周期间向社会发布。2018年农业农村部将农产品地理标志作为知识产权宣传周的主题活动，与“北京鸭”农产品地理标志品牌发布会相结合，4月25日在京举办“2018年全国知识产权周活动暨北京鸭农产品地理标志发布会”，活动现场，中国绿色食品发展中心为北京市畜牧总站颁发了北京鸭农产品地理标志登记证书，并宣布2018年全国知识产权宣传周农产品地理标志现场活动正式启动。本次会议以“保护知识产权、传承北京鸭味”为主题，通过农产品地理标志登记证书颁发、标志使用授权、宣传片播放等形式向社会发布了北京鸭农产品地理标志，展示了北京市畜牧总站通过地理标志保护北京鸭产业的决心和信心。

2022年6月，地理标志北京鸭再次登上中央电视台。农产品地理标志大型纪录片《源味中国》一经推出，广受好评。2022年第二季《源味中国》在中央电视台中文国际频道播出后，收视率更是高居全网第一。《源味2》继续讲述中国地标农产品的传奇故事，品尝中国顶级食材，2022年6月6日播出的“润物”一集中，地理标志北京鸭压轴登场，带领观众回味“北京鸭与北京烤鸭”的传奇故事。

原视频：CCTV-4《美食中国》20220606 源味5——润物

2022年，北京市畜牧总站作为北京鸭农产品地理标志登记证书持有人，依托“地理标志北京鸭全产业提升”工作，从北京鸭生产全产业链角度再次拍摄制作地理标志北京鸭宣传片，向消费者传递“地理标志北京鸭制作的北京烤鸭才是正宗的北京烤鸭”的口号，将地标北京鸭、地道北京味再次向社会传递。

二、书籍资料

（一）民国时期出版的《北京鸭》

1934年商务印书馆版，舒联莹编著的《北京鸭》一书，是目前能找到的关于北京鸭最早的出版书籍。书中记载了关于北京鸭的起源考证和名称由来的很多内容：“据彼邦学者之考据，北京鸭之起源，或与欧洲者相近，但其系谱与任何驯化种不同，即各种驯化之野鸭，亦无相似者。此鸭纯为白鸭，无其他变种。而自他种进化之历史上推之，或为一原种所生之白色变种。”

《北京鸭》，1934年商务印书馆发行

（二）新中国成立到20世纪90年代出版的书籍

这一时期，目前已知的有6册关于北京鸭消费习惯和传说的资料，7册关于北京鸭养殖与技术资料。资料目录如表7-1。

表7-1　北京鸭历史资料目录

年份	资料名称	来源
	人文历史类	
	消费习惯、烤鸭传说整理	全聚德
1982	《北京全聚德名菜谱》	北京出版社
2006	《画说全聚德珍闻趣事—老匾—老墙—老字号》	上海人民美术出版社
2008	《全聚德——中国烹饪大师名师作品集锦》	商业出版社
1988	《全聚德烤鸭技术与名菜点》	商业出版社
2006	《老店·全聚德——光影与现实的百年》	长江文艺出版社
2001	《全聚德的故事》	北京燕山出版社
	北京鸭养殖技术类	
1956	李静涵《北京鸭豢养法》	科学技术出版社
1956	吴知新《北京鸭饲养法》	农业出版社
1957	赵希斌《北京鸭研究》	科学出版社
1957	全国农展会国营农场馆《北京鸭》	农业出版社
1959	刘正《北京鸭饲养经验》	农业出版社
1976	北京畜牧兽医站《北京鸭》	北京人民出版社
1995	陈明益《北京鸭生产实用技术》	北京科学技术出版社

（三）最新的《北京鸭》

根据2017年9月发布的中华人民共和国农业部公告（第2578号），农业农村部对北京市畜牧总站申请的“北京鸭”产品正式实施国家农产品地理标志登记保护。“北京鸭”是北京市第12个农产品地理标志产品，也是北京市目前唯一一个畜禽类的地标产品。北京市畜牧总站作为“北京鸭”农产品地理标志登记证书持有人，将按照《农产品地理标志管理办法》规定，对“北京鸭”进行保护和管理。

北京鸭是北京市独有的著名家禽品种，于2005年被北京市政府认定为首批9个“北京市优质特色农产品”之一，也被国家列为首批遗传资源保护品种，遗传资源珍贵。北京鸭也是著名的北京市区域公用品牌，以本土生产的北京鸭为原料的北京烤鸭，是享有国际盛誉的美味佳肴，是北京饮食特色文化的代表之一，具有浓郁的地方风味。独特的传统手工填饲工艺，使北京烤鸭以肉质细嫩、色泽红艳、味道醇厚、肥而不腻的特色而扬名中外。国际友人来到中国，来到北京，流传着“不登长城非好汉，不吃烤鸭真遗憾”的说法，北京鸭是北京这座现代化国际大都市的一张饮食名片。

北京市畜牧总站作为北京鸭农产品地理标志证书持有人，于2020年编著出版《北京鸭》图书，是目前市面上最新的关于北京鸭的图书。“北京鸭”凝聚着北京的历史、文化和地理元素，是首都人民拥有的无形资产，北京市畜牧总站将运用好“地理标志”这个品种品牌保护手段，使政府资源、企业品牌资源和农户生产地理资源进行优化组合，利用知识产权这个生物物种资源保护的武器，提高北京鸭的产业化水平，维护“北京烤鸭”这个具有传统特色的名牌产品，将北京鸭重新塑造成“活长城”，为世界城市的建设和都市型现代农业的发展增添光辉亮丽的一笔。

三、文化馆

在北京鸭的起源地顺义区潮白河箭杆河流域，北京市畜牧总站有着悠久养鸭历史的顺义区北小营镇前鲁各庄村前鲁鸭场合作建设北京鸭历史文化馆。在前鲁鸭场已建成的张堪文化馆内，划定独立房间，通过制作北京鸭模型、展示北京鸭历史文化的沙盘和展画等，打造北京鸭历史文化馆。建成后的北京鸭历史文化馆，通过与张堪文化馆的联动，具备以下内容。

（1）馆外。大戏台观看北京鸭视频资料。馆外是张堪文化馆中的大戏台，参观者可以通过大戏台的液晶大屏，观看北京鸭的历史文化视频或者地理标志北京鸭的宣传片，作为感受北京鸭文化的第一步。

馆外大戏台

（2）馆内。北京鸭历史文化展示。馆内是北京鸭历史文化馆的主体内容展示，包括北京鸭历史资料展示、传统北京鸭养殖填饲工艺展示、箭杆河展画展示等内容。

图馆内北京鸭历史情景展示

（3）馆后。北京鸭鸭稻共生历史文化墙。在文化馆后，将通过大型投影仪打造北京鸭鸭稻共生历史文化墙，动画展示历史上种稻养鸭的情景。

图馆后文化墙

通过馆外、馆内、馆后的整体建设和联动，可以带领参观者身临其境地体验北京鸭的悠久历史，感受北京鸭的历史养殖场景，回味最早鸭稻共生的起源传说，是讲好北京鸭的故事最重要的一个环节。

四、报道

（一）报纸报道

（1）农民日报，2012年4月10日，全程质量可追溯体系助力北京鸭产品质量提升。

（2）农民日报，2012年4月18日，鸭农如何科学选择鸭苗。

（3）中国质量报，2012年4月24日，北京金星鸭业中心建立产品质量追溯体系纪实。

（4）中国畜牧兽医报，2012年6月24日，北京鸭：一个闪亮的地方特色畜禽品牌。

（5）北京商报，2012年7月17日，三元金星让北京鸭更营养。

（6）首都建设报，2012年9月3日，专利“亮剑”，“北京鸭”扬名。

（7）首都建设报，2012年11月28日，研发新品“主动”赢市场。

（8）2019年《农民日报》“为北京鸭北京油鸡产业发展提速”，报道了北京市畜牧总站成立智库推动北京鸭和北京油鸡产业发展。

（9）2020年《农民日报》“产业链出现堰塞湖，北京市家禽团队为北京鸭产业复产支招”，报道了在新冠肺炎疫情影响下，如何保障北京鸭产业健康发展。

（二）参展宣传

2017年9月，北京鸭农产品地理标志首次在“中国国际农产品交易会”上亮相，被评为“2017年中国百强农产品区域公用品牌”；同期举办的“第三届全国农产品地理标志品牌推介会”上，“北京鸭”受到隆重推介。

2018年11月1—5日，北京鸭农产品地理标志在第十六届“农交会”上再次亮相，与其他地理标志农产品同台展示，并在湖南卫视的农产品推介晚会上被重点宣传。

由农业农村部、重庆市人民政府共同主办的第十八届中国国际农产品交易会于2020年11月27—30日在重庆国际博览中心举办。“北京鸭”农产品地理标志亮相本届农交会。北京市畜牧总站立足挖掘产地环境和人文历史资源，着力保持北京鸭地理标志农产品等独特品质。

（三）北京鸭相关认证与获奖情况

地标北京鸭获第十六届中国国际农产品交易会农产品金奖；“三元金星”获得第十届“北京礼物”旅游商品大赛优秀奖、第十届中国国际农产品交易会金奖、第十六届中国国际农产品交易会农产品金奖等。

（四）其他宣传报道情况

多年来，北京鸭企业积极利用线上线下多种媒介渠道大力进行品牌建设。在线上方面，自2013年起，先后开辟官方网站、微信公众号、抖音号、今日头条号等网络媒体进行北京鸭品牌推广；还依托新媒体平台定期举办线下活动，对目标群体和消费者进行精准宣传。在线下方面，北京鸭除了参加水禽大会、畜牧业展会、各类食材展览会等全国性大型展会外，还积极配合中央电视台、北京电视台等官方媒体新闻报道，先后参与录制《一带一路》《农广天地》《大国根基》《北通州》等节目；还与相关单位联合成立烤鸭技能培训学校，运营“烤鸭师联盟”公众号，广泛吸纳有志从事北京烤鸭行业的人员，传授北京烤鸭正宗技艺、文化，针对精准群体开展定向宣传。此外，项目合作单位北京金星鸭业有限公司为运输车辆统一制作车身广告，为客户设计制作宣传海报和地理标志铜牌，利用养殖示范场地建设北京鸭文化走廊等。

大董烤鸭店进行宣传

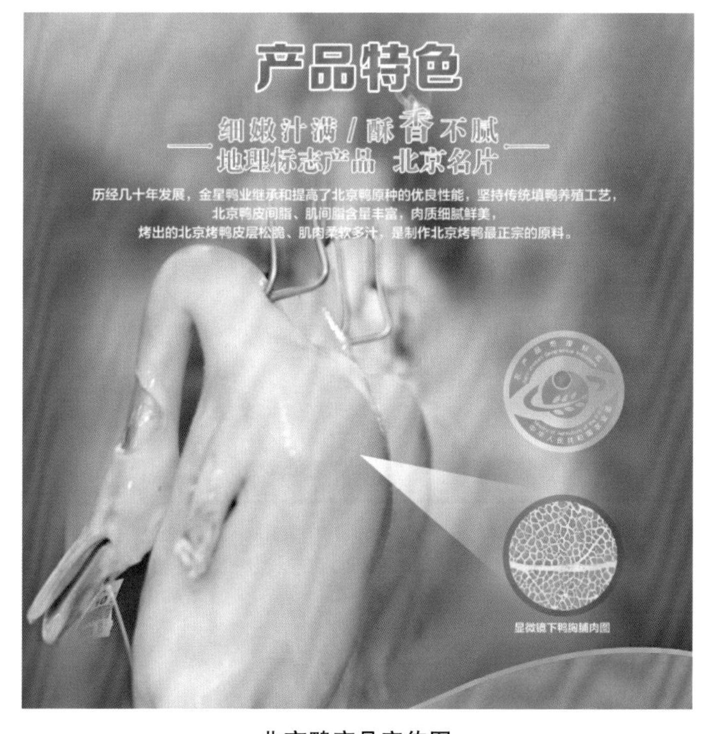

北京鸭产品宣传图

五、卡通形象

北京鸭目前的卡通设计形象比较少，主要集中在全聚德等老牌餐饮企业的文创设计。2022年2月19日，由中国全聚德集团主办的“万物萌动”文创节推介活动在全聚德北京环球城市大道店正式启动。

活动现场上新多款全聚德新IP形象萌宝鸭文创产品，既有文创茶、马克杯、帆布包、雨伞、餐具、徽章、冰箱贴、毛绒公仔、子母包等多种可爱潮范儿萌物，也有沉浸式的场景体验。活动期间，北京地区14家全聚德品牌直营门店将开展联合展卖，全线23款萌宝鸭文创产品推出。

全聚德还推出全聚德萌宝鸭文创茶，原料选用海拔1 500 m的云南景迈山大叶种春茶，搭配广东六年新会陈皮，使得普洱茶的糯米香、枣香有机融合了陈皮的滋味，带来浓醇顺滑、回味甘甜的口感享受。在烤鸭香气中，延续茶香回味，让消费者感受到餐和饮的文化魅力。中华老字号和创新茶饮的组合，开启了一种全新的美食方式，也体现出百年全聚德追求年轻时尚的步伐。

“萌宝鸭”形象是全聚德集团在坚持守正创新的前提下，塑造老字号的新形象，推进改革的结果。打造“萌宝鸭”全新文创IP形象，推出系列文创周边产品，并在2021年推出了以萌宝鸭为造型的萌宝棒棒冰，成为前门大街网红爆款产品。北京环球影城花庄店的萌宝鸭文创体验区，既体现出国潮元素的文化内涵，又富有潮玩时尚乐趣，多维度呈现全聚德的文化特征，成为了就餐宾客的网红打卡点。接下来，全聚德还将开发更多基于“萌宝鸭”的文创产品，吸引年轻消费者体验互动，焕新品牌形象。

第八章

北京地理标志——北京鸭

第一节　什么是地理标志

农产品地理标志是指标示农产品来源于特定地域，产品品质和相关特征主要取决于自然生态环境和历史人文因素，并以地域名称冠名的特有农产品标志。所称农产品是指来源于农业的初级产品，即在农业活动中获得的植物、动物、微生物及其产品。农产品地理标志是促进区域特色经济发展的有效载体，是推进乡村振兴的有力支撑，是推动外贸外交的重要领域，是保护和传承传统优秀文化的鲜活载体，也是企业参与市场竞争的重要资源。

一、地理标志农产品赋能全面乡村振兴的价值

中华大地，物华天宝，在长期的生产和生活实践中，全国各地涌现出大量品种品质独特、只属于特定区域的地理标志农产品，为区域经济增长和带动“三农”发展作出贡献。截至2021年年底，国家知识产权局累计批准地理标志产品2 490个，累计核准地理标志作为集体商标、证明商标注册6 562件，其中80%以上是农产品；农业农村部登记在册的农产品地理标志数量达3 454个。地理标志农产品因其独特的品质和良好的声誉而具有得天

独厚的竞争优势，在提高农产品竞争力和生产的转型升级中扮演重要的角色。在实际应用中，地理标志农产品与“三农”联系紧密，地理标志农产品在促进农业增效、农民增收、农村繁荣中发挥了举足轻重的作用。地理标志农产品已经成为各地发展壮大区域特色经济的一条重要途径，并且逐步成为全面乡村振兴的重要着力点之一。

（一）传统文脉赓续与知识产权保护下的文化

中国的地理标志品牌可谓“古已有之”。在古代中国，地理标志产品之类的物品往往被冠以“方物”之名，以示“各方物产”之义。“方物”种类繁多，涉及一地所产的动物、植物、货物、矿物等资源，又以动植物产品数量为最多。因农业为自然再生产与社会再生产的统一，故地理标志农产品的生产过程、生产场域往往充斥着大量经验性知识与文化惯习。一方面，人们在长期生产劳作中观察自然物候更替规律，由此衍生出“三才”生态思想、“三宜”耕作原则、“地力常新壮”等科学客观的农学思想理论。另一方面，围绕地理标志农产品生产全过程，诸多“古法”生产技艺、民俗节庆、诗词歌赋相伴而生，茶文化、酒文化、丝绸文化成为一方代名词。这些含于地理标志农产品内部、凝结着劳动人民生产生活智慧的传统知识与文化要素，在民众生产生活中被援引、交流、传播，进而构成区域文化禀赋并形塑多元文化样态，地理标志农产品是展现传统农耕文化自信的重要载体。

（二）特色农业经济变现下的产业兴旺

发展乡村产业是全面乡村振兴的重要根基，要求以“特色牌”为抓手提升农业经济效益。地理标志能够提升农产品品牌竞争力，较其他同类普通农产品而言，地理标志农产品因产区独特的自然生态环境与人文历史底蕴，具有与生俱来、不可替代的地域垄断性、品种稀缺性及品质独特性，因增值及溢价效应而在市场竞争中更具比较优势与竞争优势。一方面通过产业集聚效应吸引众多农业固定资产投资落户当地，以补齐全面乡村振兴金融短板问题；另一方面通过产业集群化的发展使得各企业间共享技术和市场信息、上下游企业交易成本变低，从而使得新进入企业的成本降低，产业链得到完善，继而提高农产品附加值、增加就业岗位。产业集群与区域品牌两者是相辅相成、共同促进的关系，二者的有效互动有利于促进区域的经济与发展，因此作为产业集群的核心，地理标志农产品的打造会带动区域品牌的形成，而品牌的成功塑造便能助力产业兴旺，促进地方经济发展。

（三）生态农耕智慧与标准技术流程下的农业“两型”发展

地理标志农产品植根于“三才”“三宜”“地力常新壮”等科学客观的农学思想理论指导下的生态循环种养实践中。从生态学角度而言，传统的地理标志农产品生产极为注重农作物与其生长环境之间的关系，竭力以最少的外部物质及能量投入，获得较好的收成。这一要件显然与“两型农业”所大力倡导的“提高资源利用率及保护生态环境”的总体要求不谋而合。时代推展至今天，地理标志农产品因需保持产品独特外在感官特征及高质量的内在品质指标，在生产过程中须严格遵循特定的质量控制技术标准，其中包括影响产品的品质特色形成和保持的特定生产方式，如品种、产地、生产控制等相关特殊要求。由于农产品质量标准是农业标准体系的核心，因此，必须格外注重地理标志农产品优质特征指标的筛选和标准构建，从而推动农产品质量安全水平提升。

（四）品牌效应下的人才本土培育与外部回流

地理标志农产品产业提质增效，除须严格遵循质量技术控制规范外，还离不开专业技术人才的支持。大批科研院校专家及专职农业技术推广人才汇聚于原产地并开展相关农业生产技术培训工作，由此培育出一批有文化、会管理、懂技术的本土化“新农人”，直接推动了乡村人才振兴。

（五）多元主体下合作共赢的组织体系

发展地理标志农产品涉及行业协会、龙头企业等基本主体。从行业协会来看，其一般在特定范围内履行生产技术服务、生产经营主体管理及协调主体间利益关系等职能，地理标志农产品能否按照相应质量技术控制规范进行生产、各大生产经营主体间利益是否能有效协同，有赖于行业协会的督管。从龙头企业来看，其牵动能力直接决定着以地理标志农产品为核心的特色农业产业集群发展的成效。一言以蔽之，行业协会、龙头企业实现内部自我管理与外部有机联结不仅有利于地理标志农产品实现高质量发展，同时还是加快推进全面乡村振兴的内在核心要义。

二、地理标志农产品赋能全面乡村振兴的路径选择

地理标志农产品赋能全面乡村振兴，即加强地理标志农产品品牌建设；聚焦地理标志农产品全产业链建设，形成产业集群竞争优势；健全利益联结机制，发挥行业协会作用；通过标准化建设规范地理标志农产品品质；完善本土人才培育和外部人才引进机制。

（一）品牌建设，加强宣传

打造地理标志农产品品牌优势，提升品牌的知名度。地理标志农产品孕育于特定的地理环境，具有独特风格和产品品质，能够满足消费者对于健康特色农产品的需求。地理标志农产品进入消费者手中存在巨大的市场鸿沟，要想跨越这个鸿沟，需要打造品牌优势，并积极进行宣传与推广。其一，打造地理标志农产品品牌优势的重点之一是丰富地理标志农产品文化内涵，依托地域特色和文化结合，让地理标志农产品充满历史文化的魅力，富有历史底蕴和生命活力的地理标志农产品更容易获得大众认可。其二，品牌效应的发挥也需要借助媒体的宣传作用。以地理标志农产品为产业基础，做精做强农产品品牌，联动线上线下媒介，积极举办产品展会、商品交易会等，同时利用新媒体等渠道进行地理标志农产品品牌推广工作。此外，因为农事节庆活动具有根植于原产地域的内容仪式的不可复制性，其可成为强化地理标志农产品品牌传播、发展地理标志农产品品牌的新型营销手段。

（二）培育龙头，壮大集群

在全面振兴乡村的背景下，作为乡村特色农业的核心，地理标志产品赋能乡村产业振兴大有可为。基于农产品区域品牌发展的实践经验，龙头企业与农产品品牌互为背书，是带动地理标志农产品品牌发展的最好路径。其一，选择产业特色鲜明、有市场潜力、发展规模适中的生产企业作为重点扶持对象，对龙头企业、农业合作社等新型农业生产经营主体发展地理标志农产品给予政策、资金上的扶持，以带动农民增收。其二，着力打造地理标志农产品全产业链，加快生产、加工、流通的一体化发展，构建区域优势鲜明的地理标志农产品产业集群，形成产业集群的竞争优势，从而促进乡村产业振兴。其三，以地理标志农产品为核心，构建“地理标志农产品+龙头企业+农业合作社+农户”的发展模式，充分发挥龙头企业在市场开拓和生产经营方面的优势，充分发挥农业合作社在组织管理和科技指导方面的资源优势，强化优势产业间的衔接，使各类生产经营主体能够共同受益于公共资源和服务的协同效应，提升地理标志农产品品牌附加值，促进地理标志农产品发展。

（三）组织协作，共同推进

驱动政府、行业协会和龙头企业“三驾马车”，共同促进地理标志农产品产业迅速发展壮大。其一，以龙头企业为主体，健全“地理标志农产品+龙头企业+农业合作社+农户”的利益联结机制，全面提升地理标志农产品生产经营者组织化程度。其二，政府作为服务者需要为“地理标志农产品+龙头企业+农业合作社+农户”模式的实施创造有利条件，引进、扶持、培育一批龙头企业，对联农带农实践效果好、积极承担社会责任的龙头企业给予贷款、税收、科研等方面的政策优惠与财政倾斜，提高重点龙头企业的市场竞争力，促进“以地理标志为中心，龙头企业为车头，农户为车尾”的全产业链条的形成，带动乡村产业和经济发展。其三，明确行业协会在地理标志农产品建设过程中的主体地位，探索切实可行的“行业协会+企业+农户”的利益联结机制，充分发挥行业协会的资源整合优势，将政府的外部引导真正内化为企业、农户的自愿生产经营行为，切实保障地理标志农产品的有效供给。

（四）规范品质，强化监管

在“两型农业”时代发展主旨及现代农业生产标准化技术指导下，以地理标志农产品赋能乡村生态全面振兴，需从几方面着力。其一，强化地理标志农产品标准化、规范化建设。一方面通过建立“地理标志农产品+龙头企业+农业合作社+农户”的产业化经营模式，引导农户进行标准化生产，提升地理标志农产品的质量管理水平，推动地理标志农产品生产标准化、规范化。另一方面要保护好原产地的生态环境，在地理标志农产品品质建设中必须贯彻落实“质量兴农、绿色兴农”的发展战略，避免对原产地的生态资源进行过度开发利用。就具体实践而言，建立起完整的地理标志农产品保护体系，不仅能够在各个层面保护当地生态系统，还能修复及保护自然生态环境。其二，强化地理标志农产品监管力度。一方面，政府需强化日常监管，监督农产品地理标志使用者，及时发现并惩戒假冒地理标志农产品的违法行为，同时继续加强地理标志农产品的认定与管理工作，对新申报的地理标志农产品进行严格审核。另一方面，在地理标志农产品保护制度运行过程中，行业协会发挥了重要的监督作用，应继续充分发挥其监督管理职责。

（五）人才培育，内外结合

建立健全“内外结合”。在本土人才培育方面，要整合资源，创新教学形式，加强培育针对性，优化教学内容与形式，满足农民的学习需求，创建合作共享机制，创新多样化培训平台。在外部人才引进方面，制定符合我国实际的、科学合理的乡村引才、用才、留才及人才发展晋升政策，完善科学化、人性化的人才引进机制，搭建乡村人才发展平台，吸纳优秀人才，强化政府财政支持力度，在引才上要舍得投资、舍得付出，打造适宜人才居住的生活环境和良好的工作环境。高校、科研院所在技术服务和人才培育方面可以为地理标志主体提供技术咨询、人才输出等服务，因此政府也需要加强与高校、科研院所的合作，为地理标志农产品产业发展找到智力支撑，努力实现地理标志农产品生产过程科学化、规范化。

第二节　地理标志产品——北京鸭育种

一、北京鸭现代育种工作的开展

北京鸭的现代育种开始于20世纪60年代初，北京市大兴县和丰台区建立种鸭场，1963年中国农业科学院畜牧研究所和北京市农林科学院畜牧兽医研究所承担北京鸭育种工作，至1967年中止。1970年中国农业科学院畜牧研究所，北京市畜牧兽医站，北京市农场局和北京市食品公司等单位对双桥、前辛庄、青龙桥、圆明园和西苑等鸭场种鸭进行按场系的选育。20世纪80年代由北京市农场局选育的北京鸭双桥Ⅰ、Ⅱ系和由中国农业科学院畜牧研究所选育的Z系鸭通过鉴定。“七五”至“十五”期间由北京三元集团有限责任公司（原北京市农场局）和中国农业科学院畜牧研究所共同承担国家重点科研项目——北京鸭新品系选育及配套系筛选课题，北京鸭配套系生产性能已达到国际先进水平，适用于烤鸭的配套系商品代肉鸭6周龄体重达3.2 kg，饲料转化率为2.23%，完全可以满足市场对肉鸭性能的要求。

二、北京鸭现代育种方法的研究

1. 利用B超选择胸肉

胸肉率是一个屠体指标，在活体难以测量，无法对之直接选择。经过多年的研究发现胸肉厚与胸肉率之间是强相关关系，通过选择胸肉厚对胸肉率进行间接选择。先是用针刺的方法测胸肉厚，然后发展到使用B超测量胸肉厚，准确性和测量速度在不断提高。通过B超测定活体鸭胸肌厚度，不用屠宰就可以对活鸭胸肌厚度进行选择，优良的种鸭个体可以留下来做种用，胸肉率得到明显提高。

2. 个体记录选育饲料转化率

饲料在养殖业的成本中占到近70%，所以育种中很重要的一项指标就是饲料报酬，利用饲料报酬测定笼进行个体饲料报酬测定试验，可以准确测定每只鸭子的饲料转化率，每个家系取等量后进行饲料报酬测定，就可以得到每个家系的平均育种值。不仅了解试验鸭子和家系的饲料转化率，还为以后各批次鸭子的选留提供依据，使群体的饲料转化率得到改善，为推广的优良种鸭的后代节约大量的饲料，提高养殖效率和养殖者的效益。

3. 应用BLUP法估计育种值

北京鸭的育种相对于猪、牛等大家畜来说是落后的，与鸡的育种也有一定的差距。在北京鸭育种过程中，根据实际需要，借鉴其他畜禽BLUP方法在育种上的应用，编制北京鸭的育种软件，应用BLUP方法估计育种值，将待选种鸭排队，根据种鸭的体型、外貌等指标进行选择，提高了北京鸭的育种进程和水平。

4. 应用生化和分子遗传标记研究品系间的遗传距离

北京鸭父母代是配套组合，在选择参与配套系组成的品系时，利用RAPD方法和血型等方法研究品系间的遗传距离，排除了不必要的组合，加快了北京鸭配套系的选育进程和育种成果的转化速度，使北京鸭育种从常规选种进入了同计算机和生物技术相结合的新阶段，使北京鸭各项生产指标均有大幅度提高，达到或接近国际先进水平。

5. 北京鸭肉质和风味物质的研究，保持北京鸭的优良特性

在对北京鸭生产指标选育提高的同时，也对北京鸭的肉质和风味物质进行了初步的探讨和研究。取得了一些可喜的结果。例如，北京鸭胸肉剪切力为19.29 N，每平方毫米含1 673.5根肌纤维，每根直径22.7 μm；影响滋味、香气、多汁性、嫩度等的保水力为3.53%。另外，北京鸭肉中脂肪近似橄榄油，有降低胆固醇、防治妊高症作用，胸肉脂肪含量高达5.61%。北京鸭肉中牛磺酸含量丰富，每克鸭胸肉含555 μg，有利于婴幼儿生长发育、防治高血压和糖尿病。北京鸭肉中富含亚油酸和α-亚麻酸两种

必需脂肪酸，亚油酸含量高达每千克1.781 g；α-亚麻酸转化成EPA和DHA（脑黄金），三者称为ω-3脂肪酸，能降血脂、血黏，减少冠状动脉栓塞、血管硬化、脑中风、高血压等心脑血管疾病发生，还对糖尿病、皮肤病具有很好的预防作用。

6. 北京鸭育种的下一步设想

畜禽超高产育种是我国养殖业发展的需要，而要达到超高产育种的目标则必须通过分子生物学手段。积极探索对北京鸭生长、繁殖、肉质及抗病性状主效基因等方面的研究促进北京鸭育种的进展，提高北京鸭的国际竞争力。

第三节 在地理标志管理的规则下重新发展北京鸭

一、北京鸭地理标志发展现状

北京鸭可以称得上是世界肉鸭的“鼻鸭”，是北京烤鸭不可替代的原料，北京烤鸭是中国重大会议及国宴的重点菜品，从2008年夏季奥运会、2010年上海世博会、2014年北京APEC到2017年“一带一路”国际合作高峰论坛圆桌峰会，北京鸭都是这些重大国际会议上餐饮的重要组成部分，是中国饮食文化的重要代表性食物之一。2016年北京鸭被列入北京市农业文化遗产普查名录；2017年9月获国家农产品地理标志认定；2019年获得中国国际农产品交易会颁布的“中国百强区域农产品品牌20强”。同时，北京鸭是北京市科技扶贫项目、北京市民菜篮子工程建设的重要组成部分，承载着北京市乃至国家优质鸭种质资源保护、历史及农业文化遗产保护的重要任务。北京作为全国的“政治中心、文化中心、国际交往中心、科技创新中心”，而鸭产业高污染、高耗能，且与科技产业等相比的投入产出效益低，让北京鸭留在北京、保护纯种北京鸭品种、进一步传承北京鸭文化，是摆在政府和研究机构面前的重大难题，也是每一位农业文化遗产保护、传承及研究工作者都应积极思考的难题。

二、北京鸭地理标志产品到底“香”在哪？

1. 具有原产地的品质保证

地理标志农产品，是指产自特定区域，所具有的质量、声誉或其他特性品质上取决于该产地的自然环境和人文因素，经国家审核批准以地理名称进行命名的农产品，以“地域名+产品名”组成，具有一定的品质保证，同时对该区域的农产品予以保护。对消费和生产两端来说是双赢，不仅为消费者带来了真正的好农货，还可以扩大农产品的知名度，促进农民稳定增收，助力乡村振兴。

2. 消费认可度高

地道风味令人惦记，北京鸭获得国家地理标志保护认证的“京”字号畜禽农产品。北京烤鸭是京城叫得响的好品牌，在市场上消费者认可度高，甚至坊间流传着“不到长城非好汉，不吃烤鸭真遗憾”，足见北京烤鸭的地位。而成就这道美味其中关键的一点是它的鸭坯——源于北京本地产的名贵品种北京鸭。“全身羽毛纯白，体型硕大丰满，烤出来肉嫩皮儿酥。鸭肉的香气是内敛的，要吃到正宗的北京烤鸭，就地取材是关键，烤制鸭坯一定要来源于本地养殖、采用填饲工艺饲养的北京鸭，这样才能烤制出绝色美味。”得益于温度湿度、水质、地形地貌等自然因素，以及生产控制、品种范围等人为因素的综合作用，地标农产品与别的产品区分度高，美誉度好，具有当地原汁原味的风味特色，而北京鸭产品本身品质优良是抓住消费者的关键，北京鸭是“北京烤鸭”最为正宗的原料鸭种，经过多年品牌培育，生产全程建立了规范化、标准化生产技术体系，2017年获国家农产品地理标志认证，2020年入列中欧地理标志互认清单。2022年北京市启动了北京鸭农产品地理标志保护工程，提升了北京鸭的品牌影响力，有力支撑和彰显了中华民族优秀农耕文化北京鸭的品牌价值、美誉度和好口碑。目前，北京鸭地理标志生产地域保护范围覆盖北京8区46个镇与街道，近几年累计带动京津冀地区养殖农户1 800余户，户均年纯收入可达到10万元。

三、北京鸭品种保护利用的思路与策略

北京鸭的优势是肉质细嫩、肌间脂肪含量丰富且均匀、适应性和抗病力强、繁殖性能突出。北京鸭资源保护和开发利用的前提是保证北京鸭的原有性能优势，突出专门化的特色。在此基础上，瞄准市场需求，着眼产业升级，积极创新思维，把北京鸭育种工作提高到一个崭新阶段。首先是对北京鸭育种技术进行深入研究，以提高北京鸭生产性能为主导方向，全面提高北京鸭的各项性能；加强北京鸭各品系间的遗传距离的研究，选育符合市场差异化需求的品种；培育具有国内先进生产水平的肉鸭新品种；同时加强与科研院所的合作，联合攻关，采用人工授精技术，提高北京鸭选育进度；在进一步完善烤制型品系的基础上，加强对不同品系的研究开发，培育适合不同市场需求的小体型、免填烤炙型和分割加工型的新品系，形成完整的具有自主知识产权的品种，并建立育种体系，引领国内北京鸭产业的发展方向。

1. 加大北京鸭新品系和配套系的选育力度

目前，北京鸭育种有2个方向：烤炙型、瘦肉型。继续进行专门化选育：公鸭留种率由目前的7%～8%达到3%～4%，母鸭留种率由目前的20%左右达到15%；同时加强性能测定工作，突出各系的特点和优点，得到符合市场差异化需求的品种，全方位提高配套系的性能，形成保种和育种相互促进的良性循环。

2. 强化地理标志保护申请质量监管

严格把控地理标志保护申请质量，加强地理标志保护申请质量监控和通报。完善地理标志保护政策、标准和制度。推动在地理标志保护机制下，强化初级农产品、加工食品、道地药材、传统手工艺品等的保护。规范地理标志保护申请行为，对申请材料弄虚作假等行为从严处置，驳回有关地理标志保护申请，切实推动从追求数量向提高质量转变。

3. 重视品牌效益，探索地理标志保护工作

随着生活水平的提高和生态环境的恶化，消费者更加关注与自身健康关系密切的食品安全。在农产品需求中，质量和信誉是消费者首要考虑的因素。大量证据表明，农产品市场竞争力与农产品产地有密切联系。在经济全球化背景下，地理标志不再是一种单纯的知识产权，同时扮演着重要的经济角色，并且能提高产品的竞争力。地理标志产品可以获取持续的品牌效应。获得地理标志保护的产品经由特别质量控制而具有特定质量和特征，从而为该产品的市场认知提供了一个信誉先导。总之，北京鸭是国家著名的资源，需要提高各个方面的认识，认识资源宝贵的同时，也要清醒认识到北京鸭资源保护工作不仅仅是企业的责任，也是全社会的责任，需要全社会的共同关注。

4. 严格地理标志审核认定

强化地理标志保护产品认定与地理标志集体商标，完善地理标志保护申请审核认定规则，统一规范地理标志名称、保护地域范围划定等认定要素，判断通用名称时综合考虑消费者理解认知等因素。研究建立有效反映地理标志特色的专门分类制度。

5. 优化地理标志保护扶持引导政策

清理和规范对地理标志保护申请的资助、奖励政策。着力优化资源投入方向，重点加大对强化地理标志行政保护、创新监管手段、核准专用标志使用、实施质量管控、建设地理标志产品保护示范区等方面的支持，切实改变“重申报、轻保护”的偏向，推动加强地理标志全链条保护，进一步提升地理标志知名度和市场竞争力。深化地理标志专用标志核准改革，探索进一步下放专用标志使用核准权和注销权，优化核准流程，压缩核准周期，进一步畅通合法使用人使用地理标志专用标志渠道。

6. 完善北京鸭特色质量保证体系

落实地理标志产品生产者主体责任，提高地理标志产品生产者质量管理水平。推动人工智能、大数据等新一代信息技术与地理标志特色质量管理融合，支持和鼓励地理标志专用标志合法使用人应用过程控制、产地溯源等先进管理方法和工具，加快建立以数字化、网络化、智能化为基础的

地理标志特色质量保证体系，有效支撑地理标志高质量发展。

7. 建立健全北京鸭技术标准体系

优化完善地理标志保护标准体系，推进地理标志保护基础通用国家标准制定，有效发挥全国知识管理标准化技术委员会地理标志分技术委员会作用，加快标准立改废释步伐，提升高质量地理标志保护产品标准的有效供给。

8. 强化北京鸭检验检测体系

鼓励有条件的地理标志产品产地建设专业化检验检测机构，畅通政府部门、行业协会等采信检验检测结果的信息渠道。完善专业化地理标志检验检测服务网点建设，不断满足消费市场需求，为消费者提供权威、可靠的专业技术服务。鼓励第三方检测机构为地理标志保护提供数据和技术支持。

9. 严厉打击地理标志侵权假冒行为

加强执法检查和日常监管，严格依据《中华人民共和国产品质量法》等有关伪造产地的处罚规定和《中华人民共和国商标法》《中华人民共和国反不正当竞争法》相关规定，打击伪造或者擅自使用地理标志的生产、销售等违法行为，规范在营销宣传和产品外包装中使用地理标志的行为。加强对相同或近似产品上使用意译、音译、字译或标注“种类”“品种”“风格”“仿制”等地理标志“搭便车”行为的规制和打击。严格监督和查处地理标志专用标志使用人未按管理规范或相关使用管理规则组织生产的违规违法行为。

10. 加强地理标志专用标志使用日常监管

建立健全地理标志专用标志使用情况年报制度，及时有效掌握地理标志专用标志中介机构使用信息并对社会公开。采用“双随机、一公开”与专项检查相结合的方式，聚焦特色质量，实行重点地理标志清单式监管。依法推动将地理标志产品生产、地理标志专用标志使用纳入知识产权信用监管。探索建立地理标志专用标志使用异常名录。

11. 健全涉外地理标志保护机制

严格履行《中华人民共和国政府与欧洲联盟地理标志保护与合作协

定》《中华人民共和国政府和美利坚合众国政府经济贸易协议》《区域全面经济伙伴关系协定》等国际协议义务。加强与国外地理标志审查认定机构的交流与合作。

12. 加强组织领导和资源投入

各级市场监管部门和知识产权部门要高度重视地理标志保护工作，立足本地实际、更新工作理念、创新工作方式，加强规划引领，抓好工作落实。加大资源投入力度，加强地理标志保护队伍建设，充分利用现有奖励制度，加强地理标志保护申请电子受理平台建设，完善平台功能，提升综合服务能力。

13. 加强学术研究和宣传培训

推动加强地理标志学术研究工作，夯实地理标志工作理论基础。将地理标志保护培训纳入行政保护培训计划，积极组织开展业务和技能培训、案例研讨等活动。积极做好地理标志行政保护典型案例和指导案例的遴选和报送，加强对地理标志保护措施成效、先进经验的宣传报道。加大涉外宣传力度，助推我国地理标志产品走出国门，开拓国际市场，大力弘扬中华优秀传统文化。

附录　北京鸭的旧照

参考文献

北京市质量技术监督局，2016. 北京鸭 第1部分：商品鸭养殖技术规范：DB11/T 012.1—2016[S].

北京市质量技术监督局，2016. 北京鸭 第2部分：种鸭养殖技术规范：DB11/T 012.2—2016[S].

陈明益，洪秀筠，1995. 北京鸭生产实用技术[M]. 北京：北京科学技术出版社.

邓蓉，2003. 中国肉禽产业发展研究[D]. 北京：中国农业科学院.

董文江，刘敦华，2008. 鸭肉风味的研究进展[J]. 肉类工业（11）：47-50.

费威，杜晓镔，2020. 打造农产品区域品牌以地理标志为依托的思考[J]. 学习与实践（8）：48-55.

冯宇隆，2014. 北京鸭风味物质的分离鉴定及其脂类对鸭肉风味的影响[D]. 北京：中国农业科学院.

伽红凯，荆宝玺，沈文武，等，2022. 地理标志农产品赋能全面乡村振兴的价值探析与路径选择[J]. 农产品质量与安全（4）：55-60.

高正根，张志国，李国臣，等，2005. 北京鸭填鸭阶段管理要点[C]. 首届中国水禽发展大会.

韩玉玲，姚瑶，施宇恬，等，2022. 我国地理标志农产品研究现状与展望[J]. 江苏农业科学，50（15）：232-239.

何宗亮，杨硕，郗正林，等，2018. 鸭肉品质影响因素的研究[J]. 家禽科学（2）：38-41.

侯水生，周正奎，2021. 肉鸭种业的昨天及今天和明天[J]. 中国畜牧业（18）：23-26.

胡胜强，2011. 北京鸭资源保护利用的回顾与展望[J]. 中国家禽，33（9）：5-8.

胡胜强，郝金平，庄海滨，等，2010. 北京鸭育种的过去、现在和将来[J]. 水禽世界（1）：7-10.

胡志刚，曹俊婷，张慧林，等，2021. 中国养鸭的历史起源及演变[J]. 中国家禽，43（4）：96-102.
黄种彬，2011. 中国地方鸭品种资源保护与利用[J]. 中国家禽（18）：43-46.
北京市质量技术监督局，2007. 北京填鸭饲养管理技术规程：DB13/T 902—2007[S].
焦存艳，2021. “十四五”规划政策背景下北京鸭地理标志发展分析[J]. 农业展望，17（10）：142-145.
兰敏娟，2020. 北京鸭健康养殖技术[J]. 畜禽养殖科学（3）：87-88.
刘砚涵，黄丽卿，张建伟，等，2019. 丁酸梭菌对填饲北京鸭生长性能、免疫功能及血液抗氧化能力的影响[J]. 中国家禽，41（10）：31-35.
吕明斌，赵敏，吕尊周，等，2016. 肉鸭肉品质影响因素研究进展[J]. 中国家禽，38（22）：46-49.
马家津，吕跃钢，张文，2006. 北京烤鸭香味分析[J]. 北京工商大学学报（自然科学版）（2）：1-4.
聂晓开，2015. 烤鸭风味鸭肉火腿加工工艺优化及品质改善研究[D]. 南京：南京农业大学.
乔璐，2018. 鸭肉新鲜度品质近红外光谱预测模型建立与维护方法研究[D]. 北京：中国农业大学.
史波涛，2021-12-23. 北京鸭再添“京典”新品系[N]. 首都建设报（001）.
王德泉，2010. 北京鸭发展趋势及路径分析[J]. 水禽世界（1）：10-12.
王军伟，（2020-11-06）. 文化名片　北京烤鸭[EB/OL].参考网. https://www.fx361.com/page/2020/1106/7181857.shtml.
王胜利，刘娇娇，2020. 地理标志农产品的利用与产业发展[J]. 发展研究（8）：69-74.
王英，2008. 北京鸭的历史[J]. 农村养殖技术（3）：16.
王柱三，刘敏雄，李琨瑛，1981. 不同饲养水平下北京鸭的体发育和消化器官的发育[J]. 中国畜牧杂志（5）：11-12.
肖放，2021. “十四五”时期我国绿色食品、有机农产品和地理标志农产品工作发展方略[J]. 农产品质量与安全（3）：5-8.
谢实勇，刘康，王莹，等，2018. 北京鸭的那些事儿[J]. 中国畜牧业（10）：

86-87.

辛海瑞，2016. 不同光照因素对北京鸭生产性能、胴体性能、肉品质及抗氧化性能的影响[D]. 北京：中国农业科学院.

杨方喜，白聪荣，张长海，等，2021. 北京鸭新配套系商品代体尺和屠宰性能分析[J]. 中国家禽，43（2）：103-105.

杨山，1957. 北京鸭的饲养管理[J]. 畜牧与兽医（1）：29-33.

杨婷铄，2021. 瘦肉型和脂肪型北京鸭肉用性能、肉品质和肠道微生物区系的比较分析[D]. 扬州：扬州大学.

杨紫嫣，张亚茹，王忠，等，2016. 填饲应激对北京鸭生产性能、腿部肌肉品质、血清激素和血气指标的影响[J]. 畜牧兽医学报，47（7）：1517-1522.

张姝，刘正刚，2022. 浅谈农产品地理标志品牌建设与保护[J]. 农业经济（4）：139-140.

张劳，1989. 试论北京鸭在世界养鸭业中的地位[J]. 中国畜牧杂志（2）：56-57.

张长海，杨方喜，庄海滨，等，2020. 北京鸭新配套系商品代生长性能测定分析[J]. 家禽科学（7）：15-21.

赵希斌，1957. 北京鸭研究[M]. 北京：科学出版社.

中国畜牧业协会，2009. Z型北京鸭配套系[C]. 2009中国肉鸭产业发展高层论坛论文集.

中国畜牧业协会，2009. 南口1号北京鸭配套系[C]. 2009中国肉鸭产业发展高层论坛论文集.

周珍辉，向双云，张孝和，等，2010. 雏鸭的饲养管理技术[J]. 中国畜禽种业（8）：125-126.

朱志明，缪中纬，辛清武，等，2016. 浅谈影响鸭肉品质的主要因素[J]. 中国畜牧兽医文摘，32（6）：42.

祖祎祎，2021-12-07. 18个畜禽新品种配套系通过审定[N]. 农民日报（007）.